Die Neuordnung des bundesstaatlichen Eisenbahndienstes in Österreich

Eine Studie über ihren Werdegang und ihre bisherige Durchführung, über die ihr anhaftenden Mängel und die Unerläßlichkeit ihrer Abänderung

von

Dr. Alfred Buschman
k. k. Sektionschef i. R.

Mit einem Anhange, enthaltend den Abdruck des Bundesbahngesetzes vom 19. Juli 1923, Nr. 407 B. G. Bl. und des zugehörigen Statutes vom 19. Juli 1923, Nr. 453 B. G. Bl.

Springer-Verlag Wien GmbH
1925

ISBN 978-3-7091-2147-4 ISBN 978-3-7091-2191-7 (eBook)
DOI 10.1007/978-3-7091-2191-7

Vorwort.

Als in den Bundesgesetzblättern vom 25. und 30. Juli 1923 das Gesetz vom 19. Juli desselben Jahres über die Bildung eines Wirtschaftskörpers „Österreichische Bundesbahnen“ (Bundesbahngesetz) und das zugehörige Statut für die Bundesbahnen verlautbart wurden, blickte die staatliche Führung des Eisenbahnbetriebes in Österreich seit deren Wiederaufnahme mit dem Beginn der achtziger Jahre des vorigen Jahrhunderts bereits auf einen ununterbrochenen Bestand von mehr als 40 Jahren zurück.

Während dieser langen Zeitperiode war dem österreichischen Staatseisenbahnbetriebe keine schon von vorneherein auf eine lange Gültigkeitsdauer berechnete Dienstorganisation zugrunde gelegt worden, die, zu solchem Zwecke wohl überdacht, schon in sich die Gewähr geboten hätte, daß dieser Betrieb sich nach Maßgabe der zeitweise großzügig fortgeführten Verstaatlichungsaktion, jeweilig sich von selbst dieser Organisation anschmiegend, ohne neuerliche wesentliche Umwälzung der inneren Diensteinrichtungen werde weiter entwickeln können.

Stets nur aus den augenblicklich herrschenden Verwaltungsverhältnissen hervorgegangen und denselben angepaßt, von vorübergehenden politischen Strömungen und denselben entsprechenden parlamentarischen Konstellationen beeinflußt und manchmal auch durch persönliche Rücksichten mitbestimmt, war dieser Betrieb in jenen Zeiten häufigeren Umorganisationen unterworfen gewesen.

Auch die nachträgliche Erkenntnis, daß bei einer aus solchen, den dienstlichen Bedürfnissen vielfach fremden Gründen hervorgegangenen Dienstorganisation denn doch so manche Fehlschritte unterlaufen seien, die im Interesse einer fortgesetzt gedeihlichen Abwicklung des Eisenbahnverkehres wieder ihre Abstellung erheischten, trug nicht unwesentlich zu einem rascheren Wechsel der diesfälligen Dienstorganisationen bei.

Die Jahre 1882, 1884, 1886, 1891 und 1896 bildeten die einzelnen Etappen, in welchen die Dienstorganisation der österreichischen Staatsbahnen in wesentlichen Beziehungen einschneidendere Abänderungen erfuhr.

Auch die letzterwähnte, besonders umfassende, weil auf den ganzen staatlichen Eisenbahndienst sich erstreckende Neuorganisation, die noch bis zum Zusammenbruche des Reiches in formaler Geltung geblieben war, vermochte, durch den Wechsel in der obersten Leitung des Eisenbahnressorts in der glatten Durchführung ihres ursprünglich gedachten systematischen Aufbaues aufgehalten, die von ihr für den Dienst erhoffte günstige Wirkung nicht mehr hervorzubringen, so daß schon nach wenigen Jahren neuerdings der Ruf nach einer durchgreifenden Reform der Staatseisenbahnverwaltung laut wurde.

Da jedoch die innenpolitischen Verhältnisse sich im Kaiserreiche gerade zu jener Zeit stetig verschlechterten, ja alsbald sich immer trostloser gestalteten, brachten die nachfolgenden Regierungen gegenüber den auf sie namentlich in nationaler Beziehung immer heftiger einstürmenden Aspirationen der großen, sich befehdenden politischen Parteien während der restlichen Zeit des Bestandes der Monarchie nicht mehr die Kraft auf, das bei der gerade damals fortgesetzten raschen Erweiterung des Staatseisenbahnnetzes an sich stets schwieriger gewordene Problem einer. neuerlichen Reform der Staatseisenbahnverwaltung einer glücklichen, fachgemäßen Lösung zuzuführen.

In eingehender Weise hatte sich über die in dieser Hinsicht eingetretenen großen Schwierigkeiten Minister Dr. Freiherr von Forster, der zuerst in der Zeit von November 1908 bis Februar 1909 als Leiter dem Eisenbahnressort vorstand und dasselbe später in der Zeit von November 1911 bis Juni 1917 als Minister leitete, verbreitet, als er in den zwei Vollversammlungen des Staatseisenbahnrates vom 7. Dezember 1908 und vom 9. Dezember 1912 an ihn wegen langsamen Fortschreitens der diesfälligen Reformarbeit gerichtete Interpellationen beantwortete.

Er berief sich in seinen breiten Ausführungen auf die enorme Wichtigkeit, welche diesen Organisationsfragen für den Großbetrieb der Staatseisenbahnen innewohne und legte das freimütige Bekenntnis ab, daß es sich bei der diesfalls zu leistenden ungeheuren Arbeit nicht nur um rein meritorische Fragen handle, sondern auch eine Reihe von Imponderabilien in die Lösung der Frage hineinspiele, an welchen ein seiner Verantwortlichkeit bewußter Funktionär nicht vorübergehen könne.

Insbesondere verfehlte er aber bei diesem Anlasse nicht darauf hinzuweisen, daß diese Reorganisationsfrage eine so überaus ernste sei, daß sie nicht etwa aus dem bloßen Handgelenke und auch nicht vom Laienstandpunkte gelöst werden könne, und er schloß seine Darlegungen unter lebhafter Zustimmung der Versammlung mit der Erklärung, daß bei der ganzen Reorganisationsfrage viel zu viel auf dem Spiele stehe, als daß man sich auf Experimente oder irgendwelche Wagnisse einlassen dürfe.

Nach Zerfall des alten Kaiserstaates in eine Reihe selbständiger Nachfolgestaaten und nach Konstituierung des verbliebenen kleinen Österreich als republikanischer Bundesstaat, wurde die für denselben unter der Führung des Bundeskanzlers Dr. Ignaz Seipel neu erstellte Regierung sofort abermals vor die Frage der Neuorganisation der Staatseisenbahn- jetzt Bundesbahnverwaltung gestellt.

Indem sie in Gemäßheit der von ihr in Genf gegenüber dem Völkerbunde übernommenen Verpflichtungen ihre erste und allerwichtigste Sorge zur Rettung des Bundesstaates aus seiner äußersten Finanznot der möglichsten Beseitigung des hohen, die Bundesfinanzen übermäßig belastenden Betriebsabganges der Bundesbahnen zuzuwenden hatte, war sie zunächst darauf angewiesen, für die vom Kaiserstaate her noch in einem chaotischen, organisatorischen Zustande verbliebene Staatsbahnverwaltung eine solche neue Dienstorganisation zu schaffen, durch welche letztere in den Stand gesetzt würde, die notwendige Sanierungsarbeit energisch in Angriff zu nehmen und mit Erfolg durchzuführen.

Für den Aufbau einer zu solchem Zwecke tauglichen Neuorganisation war mittlerweile wenigstens nach der einen Richtung eine Klärung dahin gewonnen worden, daß eine solche zweckdienliche Neuorganisation nur dadurch zu erreichen möglich sei, wenn ebenso, wie es zur selben Zeit auch für die deutschen Reichseisenbahnen in Aussicht genommen wurde, zum Grundsatze der vollen Trennung der Betriebsverwaltung von der Hoheitsverwaltung zurückgekehrt und für die erstere zugleich zur Errichtung eines selbständigen Wirtschaftskörpers geschritten werde.

Der zur Durchführung dieser beiden Hauptgrundsätze zu beschreitende Weg, für den es mehrfache Möglichkeiten gab, war von der Regierung erst noch zu bestimmen. Und da geschah es nun leider, daß von der Bundesregierung in dem ja an sich begreiflichen Bestreben, von der so ungeheuer dringlich gewordenen Sanierungsarbeit jeden nicht absolut nötigen Aufschub hintanzuhalten, gerade derjenige Weg beschritten wurde, der von Freiherrn von Forster, einem anerkannt tüchtigen Eisenbahnfachmanne, nach obigem vorweg als der ungeeignetste, am wenigsten Erfolg versprechende bezeichnet worden war, indem, ohne auch nur im geringsten auf die Lehren Rücksicht zu nehmen, die aus den reichen Erfahrungen von mehr als vierzig Jahren Staatseisenbahnbetrieb gezogen werden konnten, deren Studium aber immerhin noch einige Zeit erfordert hätte, skrupellos, sozusagen wirklich nur aus dem Handgelenke, eine neue Dienstorganisation geschaffen wurde.

Diensteinrichtungen, die sich im Verlaufe von vielen Dezennien als gut, ja segensreich erwiesen hatten, wurden über Bord geworfen. Fehlschritte, die längst als solche erkannt und beseitigt bzw. bewußt hintangehalten worden waren, wurden nun wiederholt bzw. ungescheut begangen oder zugelassen und in wichtigen Beziehungen, wie namentlich bezüglich der ganzen rechtlichen Stellung des neuen Wirtschaftskörpers und des zu seiner Verwaltung aufzustellenden Dienstapparates, wurde in übereifriger Bedachtnahme auf die zu einem modernen Schlagwort erhobene Forderung der „weitesten Kommerzialisierung der Bundesbahnen“ ein Neuland betreten, das sonst nirgends wo besteht, sich daher noch nirgends erprobt, geschweige denn bewährt hat. Es war kein Wunder, daß eine solche Neuorganisation schon bei den ersten Versuchen, sie ins Leben zu führen, scheiterte.

In der Erkenntnis dieses Mißerfolges wurde hierauf von Seite der Regierung alles Streben nach diesfalls ihr erteilten Ratschlägen dahin gerichtet, eine nach ihrem Wissen und Können hochqualifizierte Persönlichkeit zu finden, um, wenn auch gegen die klaren Bestimmungen des eben erst erlassenen Bundesbahngesetzes, in deren Hände die im kaufmännischen Geiste zu führende einheitliche Leitung des ganzen Unternehmens zu legen.

Und als es der Bundesregierung tatsächlich gelungen war, hiefür eine prominente Persönlichkeit zu gewinnen, konnte wenigstens die Sanierungsarbeit ungehindert aufgenommen und bis zur Stunde an der Hand der zahlreichen, von zwei hiezu berufenen ausländischen Experten für alle Zweige des äußeren und inneren Dienstes erstatteten Ersparungs- und Verbesserungsvorschläge mit einem immerhin günstigen Erfolge fortgesetzt werden.

Dies alles kann jedoch an der Erkenntnis nichts ändern, daß sich diese augenblicklich vorgenommene Regelung der Dienstesführung bei den Bundesbahnen im grellsten Widerspruche mit den eben erst für die Dienstorganisation derselben gesetzlich erlassenen Vorschriften befindet und daß dieselbe, jedes gesetzlichen Haltes entbehrend und faktisch nur auf zwei Augen gestützt, gegenwärtig auf einer so labilen Grundlage ruht, daß die ganze Leitung der Geschäfte der Bundesbahnverwaltung sofort in ein Chaos zurückzusinken Gefahr läuft, wenn die betreffende Persönlichkeit, wie es bereits in einem Falle unmittelbar drohte und wie es sich jeden Augenblick wiederholen kann, für den Dienst der Bundesbahnen wieder in Abfall kommen sollte.

Es kann auch unmöglich dabei sein Bewenden haben, daß eine so eklatante Verletzung eines eben erst mühsam zustande gebrachten Gesetzeswerkes von grundlegender Bedeutung unter maßgebendster Mitwirkung der Staatsregierung selbst ruhig hingenommen und fortgesetzt geübt werde, während es doch in jedem Rechtsstaate zu den ersten und vornehmsten Pflichten der Staatsgewalt zählt und zählen muß, die oberste Hüterin der Einhaltung aller im Staate geltenden Gesetze zu sein.

Erwägt man dies alles, so muß man es als eine unabweisbare Pflicht der für die Regierung des Bundesstaates maßgebenden und für dessen Gedeihen verantwortlichen Faktoren betrachten, dafür zu sorgen, daß die nunmehr für zweckwidrig und undurchführbar befundene Dienstorganisation der österreichischen Bundesbahnen ehestens wieder aus der Welt geschafft und neuerlich im Gesetzgebungswege durch eine den nun richtiger erkannten Bedürfnissen besser angemessene solche Organisation ersetzt werde.

Die nachfolgende Studie stellt sich die Aufgabe, für diese zu gewärtigende neue Gesetzesarbeit das bei der früheren diesfälligen Arbeit Verabsäumte nachzuholen und unter stetem Rückblick auf die reichen, während der mehr als vierzig Jahre Staatseisenbahndienst im guten wie im bösen Sinne gesammelten Erfahrungen ohne jede Rücksicht auf Personen für eine gesetzlich neu zu erstellende Dienstorganisation der österreichischen Bundesbahnen nach sachlich haltbaren Richtlinien zu suchen, deren Einhaltung die sichere Gewähr für eine wirklich dauernde Sanierung des Bundesbahnbetriebes und für dessen ruhige, den Interessen des Bundes frommende Weiterentwicklung zu bieten vermag.

Wien, Anfang Mai 1925.

Der Verfasser.

Inhaltsverzeichnis.

I. Kurzgefaßter Rückblick auf die Entstehungsgeschichte der für den bundesstaatlichen Eisenbahndienst in Österreich erlassenen Neuordnung sowie auf die in Ausführung derselben bisher unternommenen Schritte.

Die Schaffung einer grundlegenden Neuordnung für die Verwaltung und den Betrieb des staatlichen Eisenbahnbesitzes in Österreich bildete keineswegs ein erst durch den Friedensvertrag von St. Germain und dessen traurige Folgen hervorgerufenes, sonach erst in der Nachkriegszeit neu aufgetretenes Regierungsproblem.

Auf das Bedürfnis einer tiefergreifenden Abänderung der im bestandenen Kaiserstaate zuletzt im Jahre 1896 aufgestellten, noch bis in die letzte Zeit hinein formell in Geltung gestandenen Dienstorganisation der staatlichen Eisenbahnverwaltung war bekanntlich zuerst schon im Jahre 1905 von dem damaligen Kabinettchef Baron Gautsch in einer von ihm im Parlamente abgegebenen programmatischen Erklärung hingewiesen worden. Er bezeichnete damals gleichzeitig mit der Ankündigung einer großzügigen Weiterführung der Verstaatlichungsaktion die Herbeiführung einer den vielfältigen Bedürfnissen des Verkehres in freieren Formen Rechnung tragenden Neuorganisation der Staateisenbahnverwaltung als eine besonders wichtige, der Regierung dringend obliegende Aufgabe.

Leider war es in der bis zum Zusammenbruche des Kaiserstaates noch verflossenen Periode von vollen dreizehn Jahren trotz wiederholter, von einzelnen Kabinetten während dieser langen Zeit unternommener Anläufe und Bemühungen nicht gelungen, diese für alle österreichischen Wirtschaftskreise gleich wichtige und von denselben unentwegt betriebene Reform der Erfüllung näher, geschweige denn vollends unter Dach zu bringen.

Alle diesfälligen Bemühungen waren vergeblich geblieben, da die in jenen Zeiten in raschem, ja allzuraschem Wechsel jeweilig zur Regierung berufenen Kabinette samt und sonders nicht mehr die Kraft aufbrachten, der politischen Hemmungen Herr zu werden, die sich ihnen durch das immer stärker fühlbar gewordene Übergreifen des leidigen nationalpolitischen Haders auch auf das in erster Linie wirtschaftliche Gebiet des Eisenbahnverkehrswesens, insbesondere auch bei Lösung dieser ebenso wichtigen wie schwierigen Organisationsfrage in stets steigendem Maße entgegenstellten.

Es ist notwendig, diese Tatsache nicht aus dem Gedächtnisse zu verlieren; denn in den chaotischen Zuständen, die sich infolge dieser vieljährigen Säumnis bei der Staatseisenbahnverwaltung bis zum Zeitpunkte des Zusammenbruches des Kaiserreiches in dienstorganisatorischer Beziehung eingenistet hatten und die hauptsächlich dadurch verschuldet worden waren, daß man bei der allmählichen Angliederung der großen nördlichen Bahnkomplexe an das Staatseisenbahnnetz ab 1906 in steter Anhoffung des endlichen Zustandekommens der angekündigten Neuorganisation sich jedesmal mit nur provisorischen, bei diesen Bahnen, u. zw. namentlich bei den Wiener Direktionen derselben noch einen übermäßigen Personalstand belassenden organisatorischen Maßnahmen begnügte, muß eine der ursprünglichsten und keineswegs unbedeutendsten Ursachen der unendlichen Schwierigkeiten erblickt werden, mit welchen die Bundesregierung nun nachträglich bei Sanierung, speziell der Personalwirtschaft der Bundesbahnen zu kämpfen hat.

Vergrößert wurden diese Schwierigkeiten dann allerdings noch in der ersten Periode der Nachkriegszeit um ein bedeutendes durch die infolge der Einführung des Achtstundentages notwendig gewordenen zahlreichen Neuaufnahmen und durch den syndikalistischen Zug, der auch sonst damals in der Personalwirtschaft bei den Bundesbahnen Eingang gefunden und, sich daselbst durch geraume Zeit breit machend, immer deutlicher und ungescheuter sein Bestreben dahin gerichtet hatte, an die Stelle einer der unverrückbar gemeinwirtschaftlichen Natur des Eisenbahnwesens entsprechenden ökonomischen Betriebführung eine rein parteiwirtschaftliche und parteipolitische Ausnützung des Bundesbahnbetriebes zugunsten des Eisenbahnpersonales mit allen ihren Auswüchsen zu setzen, sowie endlich wohl auch durch den die gleichartige Abgabe nicht unwesentlich übersteigenden Rückfluß von Eisenbahnangestellten aus den anderen neuentstandenen Sukzessionsstaaten nach Österreich.

Schon gleich nach dem Zusammenbruche des alten Kaiserstaates und der Errichtung einer zunächst deutschösterreichischen Republik hatte der von der ersten Regierung derselben mit der fachlichen Leitung des Eisenbahnwesens beauftragte Unterstaatssekretär Ingenieur Bruno Enderes klaren Blickes eine den gänzlich geänderten Verhältnissen Rechnung tragende Neuordnung des staatlichen Eisenbahnwesens als die erste und wichtigste auf diesem Gebiete zu lösende Regierungsaufgabe erkannt. In einem von ihm am 21. Dezember 1918 in der Vollversammlung des Ingenieur- und Architektenvereines gehaltenen, in den Fachkreisen vielbemerkten Vortrage entwickelte er weitausholend sein in dieser Richtung ins Auge gefaßtes Arbeitsprogramm und bezeichnete diese Reform als so ungemein dringlich, daß für ihre Inangriffnahme und Durchführung auch nicht ein Tag verloren gehen dürfe.

Er beabsichtigte, sich dieser Aufgabe unter Beihilfe eines eigens zu diesem Zwecke aus den Interessentenkreisen des Eisenbahnwesens provisorisch aufzustellenden Beirates zu unterziehen und unterließ es auch nicht, ausdrücklich darauf hinzuweisen, daß ein wesentlicher Abbau des für die klein gewordenen Verhältnisse der Republik um vieles zu groß geratenen bzw. verbliebenen Personalstandes eine, wenn auch schmerzliche, so doch aus unabweisbaren Rücksichten der Ökonomie nicht zu vermeidende Maßnahme werde bilden müssen.

Die Pläne des genannten Unterstaatssekretärs scheiterten damals sofort an dem heftigen Widerstande, welcher von der zu jener Zeit herrschenden politischen Strömung solchem Beginnen entgegengesetzt wurde.

Das Problem der Neuordnung des staatlichen Eisenbahnverwaltungsdienstes geriet hierauf wieder auf Jahre hinaus ins Stocken, bis endlich das vom Bundeskanzler Dr. Ignaz Seipel geführte Kabinett es in dankeswerter Weise unternahm, gedrängt durch die immer stärker gewordene finanzielle und politische Notlage des Bundesstaates in Ausführung der von ihr diesfalls in Genf dem Völkerbunde gegenüber übernommenen, vom Nationalrate der Republik nachträglich sanktionierten Verpflichtungen mit allem Ernste und aller Energie dieser brennend gewordenen Reformfrage neuerlich an den Leib zu rücken, um durch deren gründliche Lösung die auf dem Gebiete des heimischen Eisenbahnverkehrswesens, namentlich in der Personalwirtschaft im Laufe der Zeiten eingerissenen, für die ganze finanzielle Lage des Bundesstaates nachgerade unerträglich gewordenen Mißstände endgültig aus der Welt zu schaffen.

Leider nahm auch diese jüngste, von der Bundesregierung in der fraglichen Richtung tatkräftig eingesetzte Reformaktion keinen derart glatten Verlauf und ging aus den von ihr diesfalls in die Wege geleiteten, seither längst abgeschlossenen Beratungen des Nationalrates keine derart für alle Welt offen zu Tage liegende geglückte Neuorganisation der Bundesbahnverwaltung hervor, daß die im dringendsten allgemeinen Interesse gelegene dauernde Sanierung des Betriebes der Bundesbahnen bereits mit Zuversicht als gesichert angesehen werden könnte.

Vorweg muß bei Beurteilung der diesfälligen Verhältnisse im Auge behalten werden, daß das mit der einschlägigen Reformaktion zu verfolgende Ziel, wenn durch dieselbe wirklich eine dauernde Sanierung der Bundesbahnen bewirkt werden soll, keineswegs, wie von mancher Seite gefordert wurde, in erster Linie darauf gerichtet werden durfte, schon in kürzester Frist möglichst hohe ziffernmäßige Ersparungen zum Zwecke einer allsogleichen weitest reichenden Herabminderung, ja gänzlichen Beseitigung des damals auf den Bundesbahnen schwer lastenden großen Betriebsdefizites herbeizuführen.

Die nächste direkte Aufgabe der vorzunehmenden Reform mußte vielmehr, um nicht irre zu gehen und für die praktische Durchführung namentlich auch bezüglich des unerläßlichen Personalabbaues nicht zu falschen, für die notwendige Aufrechthaltung qualitativ guter Transportleistungen verhängnisvoll wirkenden Schlüssen und Maßnahmen zu gelangen, immer nur darin erblickt werden, eine möglichst ökonomische Betriebführung auf den Bundesbahnen, d. h. eine solche Führung des Betriebes auf denselben herbeizuführen und sicherzustellen, welche in möglichster Anpassung an die vorwaltenden, Erfüllung erheischenden Verkehrsbedürfnisse die solchem Zwecke fördersamsten Betriebsleistungen mit verhältnismäßig geringstem Aufwande zu vollführen vermag.

Es ist keine Frage, daß in dieser Richtung erzielte gute Erfolge dann baldigst auch auf die Herabminderung und selbst gänzliche Beseitigung des Betriebsdefizites der Bundesbahnen den günstigsten Einfluß nehmen mußten.

Schon in dem Wiederaufbaugesetze vom 27. November 1922 samt zugehörigem Nachhange waren auf Grund der bereits erwähnten, österreichischerseits in den Genfer Protokollen bezüglich der dringenden Aufgabe der Sanierung der Bundesbahnen übernommenen Verpflichtungen die bei der einschlägigen Reform einzuhaltenden Grundlinien kurz dahin festgelegt worden, daß die Betriebsverwaltung der Bundesbahnen künftig getrennt von der Hoheitsverwaltung zu führen und in einen eigenen Wirtschaftskörper umzuwandeln sei, der, dem Grundsatze kaufmännischer Betriebführung entsprechend, unter weitgehender Verminderung des Personales organisiert werden solle.

Um eine auf solcher Grundlage aufzubauende Reform in richtige Bahnen zu leiten, wurde von der Bundesregierung schon in den Frühjahrsmonaten des Jahres 1923 über Initiative des vom Völkerbunde der österreichischen Regierung zur Überwachung der Finanzgebarung während der Sanierungsperiode beigegebenen Generalkommissäres Dr. Zimmermann ein angesehener englischer Eisenbahnfachmann in der Person des Sir William Acworth zu dem Behufe eingeladen, daß er die fachlichen und finanziellen Zustände auf den österreichischen Bundesbahnen studiere und dann auf Grund der Ergebnisse seines Studiums ein Gutachten über die bezüglich der Dienstorganisation im Bereiche der Bundesbahnen vorzunehmenden Reformen erstatte.

Acworth, der, dieser Berufung Folge leistend, am 21. Mai 1923 in Wien eintraf, erklärte zur Ausführung der ihm übertragenen Begutachtungsarbeit einen Zeitraum von drei bis vier Monaten zu benötigen.

Mit Rücksicht darauf, daß besonders die Eisenbahnverhältnisse in der Schweiz mehrfache Ähnlichkeiten mit den österreichischen aufweisen, wurde dann über weitere Veranlassung des genannten Generalkommissäres auch noch ein zweiter ausländischer Eisenbahnfachmann in der Person des Direktors im schweizerischen Eisenbahndepartement, Dr. Robert Herold, eingeladen, sich an der Seite des angeführten englischen Experten an der fraglichen Begutachtungsarbeit zu beteiligen.

Man hätte nun meinen sollen, die Bundesregierung werde zunächst die Erstattung des Gutachtens der beiden von ihr berufenen ausländischen Experten abwarten, um erst auf Grundlage desselben ihr Reformwerk ernstlich in die Hand zu nehmen und dasselbe sodann, der großen Dringlichkeit der Sache entsprechend, in energischer Fortarbeit einer glücklichen Lösung zuzuführen.

Die Regierung glaubte jedoch, mit der Inangriffnahme dieser Reformarbeit so lange nicht zuwarten zu können und zu sollen.

Sie hatte zu jener Zeit bereits nach mehrmonatlichen internen Erwägungen in Ausführung der in dem Wiederaufbaugesetze vorgezeichneten Grundlinien selbständig einen Reformplan ausgearbeitet, in welchem sie, angesichts des Mißerfolges aller früheren Reorganisationsversuche, jetzt neue Bahnen einschlagend, die Schaffung eines selbständigen, einer behördlichen Eingliederung gänzlich entrückten, in seinem Wesen privatwirtschaftlich organisierten Unternehmens in Aussicht nahm, das unter der Firma: „Österreichische Bundesbahnen" die Führung des Betriebes auf denselben und die treuhändige Verwaltung ihres Vermögens im Interesse des Bundes nach kaufmännischen Grundsätzen zu übernehmen habe.

Den diesfälligen Entwurf, zunächst in die Form eines bloßen Rahmengesetzes eingekleidet, legte sie dem Nationalrate schon am 17. Mai 1923 zur Beratung und Beschlußfassung vor.

In diesem Gesetzentwurfe wurde ausgesprochen, daß die näheren Bestimmungen über die Einrichtung der Unternehmung „Österreichische Bundesbahnen" in einem von der Bundesregierung im Verordnungswege zu erlassenden besonderen „Statute" festzusetzen sein werden. Erst durch dieses Statut sollte sonach das Reformwerk zu einem in sich abgeschlossenen Ganzen ausgestaltet werden.

Dem Nationalrate wurde von der Regierung zugleich die Zusage gemacht, daß ihm auch das Statut, sobald dessen Text fertiggestellt sein werde, rechtzeitig werde mitgeteilt werden, damit er in Kenntnis desselben seine Beschlüsse über das ihm vorgelegte Rahmengesetz zu fassen in der Lage sei.

Am 8. Juni, also erst nach längerer Frist, wurde die Regierungsvorlage über die Reform der Bundesbahnen im Nationalrate zunächst einer ersten Lesung unterzogen und von demselben hierauf dem Finanz- und Budgetausschusse zugewiesen, der seinerseits wieder einen Unterausschuß zur Vorberatung des Gesetzentwurfes einsetzte.

Bei dieser ersten Lesung wurde vom Bundesminister Dr. Schürff noch ergänzend mitgeteilt, daß auch mit dem in Ausarbeitung begriffenen Statute die Neuorganisation der Bundesbahnen noch keineswegs abgeschlossen sein werde, sondern daß zu dem Gesetze und dem Statute als „dritter Organisationsakt" noch eine Reihe, die interne Dienstorganisation ergänzende Geschäftsordnungen hinzuzutreten haben werden. Im Unterschiede zu dem Vorgange bei der letzten großzügigen Organisation des staatlichen Eisenbahnverwaltungsdienstes im Jahre 1896, wo der ganze grundlegende Organisationsstoff in dem einen mit kaiserlicher Genehmigung erlassenen Organisationsstatute einheitlich zusammengefaßt war, wurde also die Absicht der Regierung nunmehr dahin kundgegeben, daß der gleichartige Stoff jetzt je nach seiner mehr oder minder grundlegenden Bedeutung in die genannten drei, in die Kompetenz verschiedener Stellen gelegten Organisationsakte zu zerlegen sein werde.

In der bei dieser ersten Lesung im Nationalrate einleitend geführten Debatte kam es ferner noch in zweifacher Beziehung zur Feststellung von für die Weiterführung der Reformarbeit Richtung gebenden Gesichtspunkten.

Einmal wurde fast von allen Rednern darauf hingewiesen und auch seitens der Regierung zugegeben, daß dem Regierungsentwurfe ob seiner beschleunigten Einbringung in manchen wichtigen Beziehungen noch sehr wesentliche Mängel anhaften, weshalb sich nach einer noch durchaus nötigen sorgfältigen Überprüfung desselben nach mehreren Seiten hin eine tiefergreifende Abänderung des Entwurfes als unerläßlich erweisen werde.

Und weiters trat bei dieser Debatte das Verlangen zutage, daß bei der ganzen Reformaktion eine die Sonderinteressen der Länder vorzugsweise berücksichtigende, gegen eine den natürlichen Bedürfnissen des Verkehrslebens Rechnung tragende, auf die Stärkung der Zentralgewalt abzielende Politik entschieden die Oberhand erhalte.

Von der Regierung wurde in dieser Hinsicht, den Wünschen des Nationalrates entgegenkommend, erklärt, daß sie bei der Organisation der Betriebsverwaltung der Bundesbahnen nach deren Abtrennung von der Hoheitsverwaltung die Institution der Bundesbahndirektionen in den verschiedenen Ländern, ja sogar unter noch weiterem Ausbau ihres Wirkungskreises, beizubehalten gewillt sei und für die oberste Leitung der Betriebsverwaltung die Errichtung eines verhältnismäßig kleinen Dienstkörpers in Aussicht nehme, der seine Einflußnahme wesentlich nur auf die Wahrung der Einheitlichkeit der Betriebführung auf den Bundesbahnen einzuschränken haben werde.

Unerörtert blieb hiebei die Frage, ob man dann auch gewillt sei, bezüglich der räumlichen Ausdehnung und Abgrenzung der Bezirke der Bundesbahndirektionen, die sich unter solchen Verhältnissen, untergeordnet unter einen nur als klein gedachten Zentralverwaltungskörper, zu den eigentlichen Stützpunkten der Betriebführung herausbilden müßten, durch eine entsprechende Ausdehnung ihrer Grenzen und dementsprechende Verminderung ihrer Anzahl diejenigen Voraussetzungen zu schaffen, ohne welche es kaum denkbar wäre, eine so weitgehende Dezentralisation der Betriebsverwaltung auch nur für eine kurze Zeit mit dem erstrebten ökonomischen Erfolge aufrecht zu erhalten.

Nicht nur der Nationalrat selbst, auch der zur Vorberatung des Gesetzentwurfes eingesetzte Unterausschuß beeilte sich vorerst noch in keiner Weise, diese seine Aufgabe ernstlich in Angriff zu nehmen — allerdings nicht ohne gute Gründe.

Denn demselben war die Möglichkeit, sich über die Bedeutung und die Tragweite des ganzen Reformwerkes ein sicheres Urteil zu bilden, erst dann geboten, bis ihm zum mindesten auch der von der

Regierung weiters noch angekündigte Entwurf des eigentlichen Statutes für die Bundesbahnverwaltung seinem Inhalte nach bekanntgegeben würde, da erst aus diesem Statute die zu jener Beurteilung unbedingt nötige, bis dahin noch fehlende Kenntnis der in Aussicht genommenen näheren Bestimmungen über den Aufbau und die Gliederung des für die künftige Verwaltung der Bundesbahnen aufzustellenden Dienstorganismus und der einschlägigen entscheidenden Kompetenzbestimmungen gewonnen werden konnte.

Und dieses Statut, dem darnach kaum eine geringere Bedeutung beizumessen war als dem dem Nationalrate vorgelegten Gesetzentwurfe selbst, war immer noch nicht fertiggestellt, ebensowenig wie auch das Gutachten jener ausländischen, zur Prüfung des gegenwärtigen Zustandes der Bundesbahnen berufenen Fachmänner noch nicht vorlag.

Bildete schon diese Mangelhaftigkeit des dem Unterausschusse des Nationalrates bis dahin zur Verfügung gestellten Beratungsmateriales begreiflicherweise ein starkes Hindernis für die Aufnahme eines rascheren Tempos in der Behandlung des Gesetzentwurfes in diesem Ausschusse, so kam noch dazu, daß alsbald nach Veröffentlichung des Gesetzentwurfes sowohl in der Tagespresse, wie auch in einzelnen Fachversammlungen gegen eine Reihe der wesentlichsten Bestimmungen dieses Entwurfes schwerwiegende fachliche Bedenken erhoben wurden, u. zw. hauptsächlich gegen die ganze Art und Weise der Konstruktion des für die oberste Betriebführung in Aussicht genommenen komplizierten Verwaltungsapparates, der Regelung der dienstlichen Stellung der hiefür in Betracht kommenden obersten Organe und ihres dienstlichen Verhältnisses zu einander, wie nicht minder auch hinsichtlich der rechtlichen und finanziellen Grundlagen für den Aufbau des zu errichtenden selbständigen Wirtschaftskörpers der Bundesbahnen.

Bei der hohen Dringlichkeit der endlichen Lösung dieser schon so lange schwebenden großen Reformfrage mußte es gewiß an sich lebhaft gewünscht werden, daß dem von der Regierung diesfalls eingebrachten Gesetzentwurfe im Nationalrate eine dieser Dringlichkeit angemessene, möglichst beschleunigte Beratung und Verabschiedung zuteil werde.

Angesichts all der vorangeführten, einem glatten Fortgange der parlamentarischen Beratung über die fragliche Regierungsvorlage noch entgegengestandenen Hindernisse mußte es aber als eine unerläßliche, noch weit dringender zu erfüllende Vorbedingung für die endgültige Verabschiedung des Reformplanes der Regierung im Nationalrate erachtet werden, daß dieser Plan noch vor dessen entscheidender Beratung im letzteren einer möglichst allseitigen gründlichen, fachgemäßen Prüfung unterzogen werde, um der Gefahr der Schaffung eines Gesetzeswerkes vorzubeugen, welches infolge verfehlter, in demselben festgelegter fachlicher Maßnahmen in keiner Weise die ersehnte, dauernde Sanierung des Bundesbahnbetriebes zu bewirken oder auch nur erheblich zu einer solchen beizutragen vermöchte.

Es war wohl von dem Generalkommissär Dr. Zimmermann, wie aus dessen siebenten, dem Völkerbunde für die Zeitperiode vom 15. Juni bis 15. Juli 1923 erstatteten, in den Tagesblättern nachträglich veröffentlichten Berichte zu entnehmen war, die die Reform der Bundesbahnverwaltung betreffende Gesetzesvorlage der österreichischen Regierung dem englischen Experten Sir Acworth schon bald nach dessen Ankunft in Wien zu dem Ende mitgeteilt worden, damit er dieselbe einer prüfenden Durchsicht unterziehe.

Acworth legte seine Bemerkungen zu dem fraglichen Gesetzentwurfe, in welchem er gleichfalls gegenüber einigen der wesentlichsten Bestimmungen desselben ähnliche Bedenken, wie sie schon in der Öffentlichkeit erhoben worden waren, geltend machte, in einer dem genannten Generalkommissär überreichten Denkschrift nieder, welche letzterer wieder der österreichischen Regierung zum Gebrauche übermittelte, ohne daß dieselbe sich jedoch bestimmt fand, gerade an den am meisten angefochtenen Bestimmungen des von ihr dem Nationalrate vorgelegten und vor demselben vertretenen Gesetzentwurfes wesentliche Änderungen vorzunehmen.

Der größte Wert mußte jedoch darauf gelegt werden, daß auch noch allen an einer glücklichen Lösung dieser wichtigen Organisationsfrage besonders interessierten heimatlichen Kreisen Gelegenheit geboten werde, zu den Reformanträgen der Regierung, bei welchen dieselbe, wie bereits erwähnt, nach den wesentlichsten Richtungen hin ganz neue, bisher nirgendswo schon eingelebte und erprobte Bahnen zu beschreiten unternahm, noch rechtzeitig vor der endgültigen Entscheidung über dieselben Stellung zu nehmen.

Es erschien dies umso notwendiger, als der Nationalrat selbst vermöge seiner Zusammensetzung dieser hochwichtigen, seiner entscheidenden Schlußfassung unterworfenen Frage zum großen Teile nur fachfremd gegenüberstand.

Mit Grund konnte darum auch erwartet werden, daß allgemein das Bedürfnis werde empfunden werden, zu dieser noch vorzunehmenden eingehenden fachlichen Prüfungsarbeit in einem von den maßgebenden Faktoren hiefür geeignet befundenen Umfange insbesondere auch den immer noch weiten, über eine vieljährige reiche Diensterfahrung verfügenden Kreis der heimischen Eisenbahnfachwelt heranzuziehen.

In solchem immerhin noch die Möglichkeit einer glücklichen Lösung bietenden Schwebezustande befand sich eben die ganze Reformaktion, als Ende Juni plötzlich verlautete, daß der Schluß der Sommersession des Nationalrates schon für Mitte Juli fixiert sei und daß derselbe nur noch im September zu einer letzten, ganz kurzen Schlußsession vor seiner bereits im Oktober vorzunehmenden Neuwahl zusammentreten werde.

Von diesem Augenblicke an setzte eine starke, auf ein weit rascheres Vorwärtsbringen der Reform gerichtete Bewegung ein.

Wirtschaftskreise, die in der schleunigsten Neuorganisation der Bundesbahnverwaltung die Panazee für die Rettung des Bundesstaates aus seiner Finanznot und in der Verschiebung der diesfälligen entscheidenden Verhandlungen des Nationalrates auf die bereits unter dem Wahlfieber stehenden Herbstmonate eine Gefahr für das Zustandekommen der Reform überhaupt erblickten, drängten mit allen ihnen zu Gebote stehenden Pressionsmitteln dahin, daß der Reformentwurf der Regierung unbedingt noch in den wenigen restierenden Wochen der Sommersession des Nationalrates zur Verabschiedung in demselben gelange. Ja, es fehlte nicht viel, daß alle diejenigen, die ein bedächtigeres Vorgehen in dieser ebenso wichtigen wie schwierig zu lösenden Reformfrage im Interesse des zu sichernden Erfolges der Reform für unerläßlich hielten, geradezu mit dem Stigma hochverräterischer Gesinnung belegt wurden.

Dem gewaltigen Drängen der erwähnten Kreise gelang es wirklich, unterstützt von der Regierung selbst, der es begreiflicherweise schließlich gleichfalls darum zu tun war, ihren Reformentwurf ehestens zum Gesetze erhoben zu sehen, noch in den letzten Tagen, fast könnte man sagen Stunden, der zu Ende gehenden Sommersession des Nationalrates eine beispiellos überhastete Durchberatung des Gesetzentwurfes und Beschlußfassung über denselben durchzusetzen.

Die noch wenige Wochen früher selbst von großen, der Majorität des Hauses angehörigen politischen Parteien auf ihren Parteitagen geäußerten Bedenken über die absolute Abänderungsbedürftigkeit der Reformvorlage und deren Unannehmbarkeit in ihrer bisherigen Fassung verstummten.

Nach einigen Bemühungen gelang es auch, Hindernisse, welche speziell noch von sozialdemokratischer Seite der gewünschten so sehr beschleunigten Weiterführung der parlamentarischen Beratung des Reformgesetzes anfänglich in den Weg gelegt worden waren, zu überwinden, und so vermochte der mit der Vorberatung der Reformvorlage beauftragte Unterausschuß endlich am 16. Juli, also erst in den allerletzten Tagen der zu Ende gehenden Session, diese seine Arbeit aufzunehmen, die er in einer einzigen, an dem genannten Tage abgehaltenen Sitzung erledigte.

Am folgenden Tage, dem 17. Juli, befaßten sich die Parteiklubs des Nationalrates damit, von ihrem Parteistandpunkte aus die vom Unterausschuß gefaßten Beschlüsse zu überprüfen.

Am 18. Juli hatte hierauf der Finanzausschuß selbst die ganze Regierungsvorlage über die Bundesbahnreform in fliegender Eile durchberaten.

Er nahm hiebei verhältnismäßig nur wenige, großenteils parteimäßigen Wünschen entsprungene Abänderungen an der Gesetzesvorlage vor, ohne jedoch die zahlreichen schwerwiegenden fachlichen Bedenken, die in der Öffentlichkeit von fachkundiger Seite gegen viele der wesentlichsten Bestimmungen der Regierungsvorlage erhoben worden waren, einer näheren Erörterung, geschweige denn einer ernstlichen Prüfung zu unterziehen.

Soweit vorbereitet, wurde dann die entscheidende Schlußberatung über die genannte Gesetzesvorlage vom Nationalrate noch in seiner letzten in dieser Session, am 19. Juli, abgehaltenen Sitzung vorgenommen. In einer kaum eine Stunde währenden Beratung nahm er das Gesetz über die Reform der Bundesbahnverwaltung, trotz der Erkenntnis der bedeutenden Mängel und der absoluten Verbesserungsbedürftigkeit der ihm unterbreiteten Vorlage, unverändert nach den im Ausschusse gefaßten Beschlüssen an.

So kam es, daß die Reform der staatlichen Eisenbahnverwaltung, die ob ihrer tatsächlichen Schwierigkeit einerseits, und anderseits wohl auch infolge der Unentschlossenheit der mit dieser Frage befaßten einzelnen Kabinette gegenüber den sie bedrängenden politischen Einflüssen, in einem sicherlich viel zu langen Zeitraume von achtzehn Jahren nicht zustande gebracht wurde, nunmehr, ins entgegengesetzte Extrem verfallend, leicht und skrupellos, sogar auf neuen noch nicht erprobten Bahnen, in einer nicht mehr als viertägigen parlamentarischen Beratung gesetzlich festgelegt wurde.

Bereits am 25. Juli 1923 erfolgte die amtliche Verlautbarung des Rahmengesetzes im Bundesgesetzblatte unter dem Titel: „Gesetz vom 19. Juli 1923 über die Bildung eines Wirtschaftskörpers ‚Österreichische Bundesbahnen'" (Bundesbahngesetz).

Und nun ereignete sich das Merkwürdige, daß dieselben Kreise, deren heftigem, ungestümem Drängen vornehmlich das unerhört rasche Durchpeitschen dieser inhaltsschweren Regierungsvorlage durch die parlamentarische Beratung gelungen war, nunmehr am lautesten in die leider tatsächlich nur zu gerechtfertigte Klage ausbrachen über das Unzulängliche, ja geradezu Unbrauchbare der gesetzlich neugeschaffenen Dienstorganisation für die so dringend benötigte Sanierung des Bundesbahnbetriebes.

Jetzt gaben sie ihrem tiefen Bedauern darüber Ausdruck, daß angesichts der Tatsache, daß die meisten der fachpublizistisch lebhaft als verfehlt bekämpften essentiellen Bestimmungen des Regierungsentwurfes im Gesetze ohne wesentliche Änderung beibehalten wurden, mit dem letzteren die von ihnen im Interesse der schleunigst notwendigen Sanierung des Bundesbahnbetriebes aufgestellte dringende Forderung nach vollständiger Selbständigstellung und Kommerzialisierung des diesfalls aufgestellten Wirtschaftskörpers nicht erfüllt worden sei.

Sie beklagten es, daß vielmehr dadurch, daß der Regierung durch dieses Gesetz zur Wahrung der durch den Bundesbahnbetrieb berührten öffentlichen Interessen nach wie vor eine weitreichende Einflußnahme auf die Geschäftsgebarung bei den Bundesbahnen vorbehalten worden sei, der so sehr zu perhorreszierenden Möglichkeit fortgesetzten politischen Einwirkens auf deren Verwaltung auch für die weitere Zukunft nicht Einhalt geboten wurde. Es habe sich nach alledem gerade in den wichtigsten Belangen des Dienstes an den so sehr als reformbedürftig erkannten bisherigen Zuständen auf diesem Gebiete nichts Wesentliches geändert.

In solcher Erkenntnis verfehlten diese Kreise nicht, ohneweiters dem Verlangen Ausdruck zu geben, daß, bei dem offenbaren Fehlschlagen des Gesetzwerkes für die als notwendig erachtete Reform der Bundesbahnen, das einzige noch erübrigende Heilmittel darin erblickt werden müsse, daß bei der nun einsetzenden praktischen Einführung der neuen Dienstorganisation für die Bundesbahnen nach den bekämpften Richtungen hin, unbeirrt von den Anordnungen des neuen Gesetzes und selbst gegen dieselben, diejenigen Maßnahmen getroffen werden, die als notwendig erkannt werden, um das unter keinen Umständen aufzuhaltende Sanierungswerk einem gedeihlichen Abschlusse zuzuführen.

Am 30. Juli 1923 wurde im Bundesgesetzblatte auch das endlich im Texte fertiggestellte, von vornherein zur Erlassung im bloßen Verordnungswege bestimmt gewesene Statut der Bundesbahnen, gleichfalls vom 19. Juli datiert, verlautbart, von dem die Regierung erklärt hatte, daß in demselben das Schwergewicht für die ganze Reform der Bundesbahnverwaltung zu suchen sein werde.

Da dieses Statut, indem es an die durch das Bundesbahngesetz vom 19. Juli für die neue Dienstorganisation der Bundesbahnen festgelegten Grundlinien gebunden erschien, die ihm zur Aufgabe gestellte nähere Regelung der neuen Diensteinrichtung bei denselben nur innerhalb der Grenzen dieser Grundlinien vornehmen konnte, war von demselben selbstverständlich eine Sanierung der schon jenen Grundlagen anhaftenden ernsten Gebrechen nicht zu erwarten.

Die aus offenbaren Kompromißbestrebungen schon in diesen Grundlinien verankerte Verquickung freierer Organisationsformen, die man zur möglichsten Sicherstellung einer der Forderung nach weitestgehender Ökonomie Rechnung tragenden künftigen Betriebführung nach Analogie gut geleiteter großer Privatbahnunternehmungen nun auch für die Bundesbahnen einzuführen gedachte, mit einer Reihe von Organisationsmaßnahmen, die nur bei Fortführung des Bundesbahnbetriebes als eine staatliche Anstalt ihre volle Begründung finden konnten, mußte natürlich bei dem dem Statute vorbehaltenen detaillierten Aufbau des für die Bundesbahnverwaltung aufzustellenden Dienstorganismus fortwirken. Ebenso konnte auch die schon durch die Bestimmungen des Bundesbahngesetzes begründete große Kompliziertheit des diesfälligen Dienstapparates durch das Statut nicht mehr aus der Welt geschafft werden.

Man hätte aber erwarten dürfen, daß die Regierung bemüht sein werde, alle in der Öffentlichkeit bereits so lebhaft kritisierten Fehler des Bundesbahngesetzes im Statute durch eine klare, planmäßige Aufstellung einer festgefügten, den fachlichen Dienstbedürfnissen genau und umfassend angepaßten näheren Gliederung der für die Führung der Betriebsgeschäfte auf den Bundesbahnen in Betracht kommenden maßgebenden Verwaltungsorgane und durch eine scharf umgrenzte Feststellung ihres Wirkungskreises in ihren schädlichen Wirkungen möglichst zu mildern.

Leider wurden aber im Statut ganz im Gegenteile durch dessen Einschränkung auf immer noch unvollständige und der nötigen Klarheit entbehrende, ja, wie noch des näheren darzustellen sein wird, sogar zum Teile einander widersprechende Vorschriften, die schon dem Bundesbahngesetze anhaftenden Gebrechen eher noch erweitert und verschärft.

Wichtige aus der beschlossenen Form der Neuorganisation der Bundesbahnverwaltung resultierende Fragen, die ob ihrer hohen grundsätzlichen Bedeutung ordnungsmäßig schon im Bundesbahngesetze, mindestens aber im Statute einer festen Regelung zu unterziehen gewesen wären, fanden auch in dem letzteren nicht ihre unbedingt nötige Klärung. Ihre Lösung blieb vielmehr in unzulänglicher Weise auch nach Erlassung des Statutes noch jenem dritten, vom Bundesminister Dr. Schürff gelegentlich der ersten Lesung der Regierungsvorlage über die Reform der Bundesbahnen angekündigten, auf weit labilerer Grundlage ruhenden Organisationsakte der für die Betriebführung noch hinauszugebenden Geschäftsordnungen überlassen.

Da diese letzteren, soweit sie überhaupt schon aufgestellt wurden, bisher der Öffentlichkeit nicht zugänglich gemacht worden sind und es zweifelhaft ist, ob überhaupt der Wille, sie der Öffentlichkeit bekanntzugeben, besteht, läßt sich auch heute noch über die für die Bundesbahnverwaltung neu geschaffene Dienstorganisation in wichtigen Belangen kein abschließendes, deren Bedeutung und Tragweite klar erfassendes Urteil gewinnen.

Am 9. August 1923 war das von dem englischen Experten Sir William Acworth im Vereine mit seinem Schweizer Kollegen Doktor Herold über die Reform der österreichischen Bundesbahnen ausgearbeitete ausführliche Gutachten fertiggestellt worden, das alsbald im Wege des Buchhandels auch der Allgemeinheit zugänglich gemacht wurde.

Die beiden Experten hatten sich mit bewundernswerter Raschheit in einer verhältnismäßig kurzen Spanne Zeit auf Grund eifrigen Studiums, vielfach vorgenommener Streckenbereisungen und Erhebungen an Ort und Stelle einen tiefen Einblick in die bei Bewältigung der ihnen gestellten Aufgabe notwendigerweise in Betracht kommenden spezifisch österreichischen Verhältnisse zu verschaffen verstanden; sie haben sodann in dem von ihnen fertiggestellten Gutachten unter, wenn auch nicht durchwegs, so doch größtenteils vollkommen richtiger Einschätzung dieser Verhältnisse, zum Teile noch von dem bis zur Erlassung des Bundesbahngesetzes in Geltung gestandenen sogenannten Ministerialsystem ausgehend, teilweise aber schon unter Berücksichtigung der durch dieses Gesetz mittlerweile geschaffenen Neueinrichtung eines selbständigen, kaufmännisch zu verwaltenden Wirtschaftskörpers, sowohl bezüglich der Dienstorganisation der Bundesbahnverwaltung im allgemeinen, wie auch im Detail für alle Zweige des inneren und namentlich des Außendienstes, eine große Reihe von wertvollen Reform- und weitgehenden Ersparungs-, insbesondere Abbaumaßnahmen in Vorschlag gebracht.

Unter genauer Darlegung der die gegenwärtige ungünstige finanzielle Lage der Bundesbahnen verursachenden Verhältnisse haben sie auf Grund des Ergebnisses ihres Studiums festzustellen vermocht, daß die finanzielle Situation der Bundesbahnen keineswegs eine so hoffnungslose sei, wie sie von mancher Seite ursprünglich besorgt und dargestellt wurde, und daß es ihnen möglich erscheine, daß bei sorgsamer Ausführung der von ihnen vorgeschlagenen Reform- und Ersparungsmaßnahmen das Defizit der Bundesbahnen in einem beiläufigen Zeitraume von zwei bis drei Jahren beseitigt werden könnte.

Alsbald begannen nun seitens der Regierung die Arbeiten zur praktischen Durchführung der für die Bundesbahnen neugeschaffenen Dienstorganisation.

Schon die Lösung der zuerst in die Hand genommenen Frage der Berufung von zur obersten Leitung des neuen selbständigen Unternehmens der Bundesbahnen geeigneten Persönlichkeiten stieß unter Einhaltung der hiefür im Bundesbahngesetze und im Statute vorgeschriebenen Bedingungen, wie es von vielen vorausgesehen wurde, auf schier unüberwindliche Schwierigkeiten.

Um das dringend notwendige rasche Fortschreiten der Sanierungsarbeit nicht zu gefährden, scheute sich die Regierung unter solchen Umständen keinen Augenblick, zur Bereinigung dieser wichtigen Personalfrage Maßnahmen zu ergreifen bzw. zuzulassen, welche die Einrichtung und Handhabung des Dienstes bei der obersten Betriebsverwaltung der Bundesbahnen in den grellsten Gegensatz zu den einschlägigen Bestimmungen des eben erst erlassenen Bundesbahngesetzes und Statutes brachten.

Diese von den gesetzlich und statutarisch festgelegten Organisationsbestimmungen völlig abweichend geregelte Geschäftsführung bei den Bundesbahnen währt nun schon weit länger als ein Jahr.

Da es der Bundesbahnverwaltung während dieser Zeit immerhin gelungen ist, eine Besserung der finanziellen Lage der Bundesbahnen herbeizuführen, hat sich die mit den Erfordernissen und Schwierigkeiten des inneren Eisenbahndienstes nur wenig vertraute breite Öffentlichkeit an die im Bereiche der Bundesbahnverwaltung gegenwärtig bestehende Ordnung der obersten Dienstführung nicht ohne Zeichen ihrer Befriedigung über die bewirkten Leistungen allmählich bereits gewöhnt.

Nichtsdestoweniger kann es keinen Augenblick zweifelhaft bleiben, daß eine derartige tiefgreifende Abweichung von den klaren Bestimmungen eines eben erst erlassenen Gesetzes gleich bei dessen erster Durchführung in einem Rechtsstaate unmöglich auf die Dauer belassen werden könne, daß vielmehr, wenn diese Abweichungen sich wirklich als unabweisbar oder doch zweckdienlich erweisen, es *als eine unbedingte Pflicht erkannt werden muß, durch eine entsprechende Änderung des betreffenden Gesetzes dafür zu sorgen, daß gesetzliche Grundlage und praktische Handhabung wieder in den notwendigen Einklang gebracht werden.*

Wie unbedingt dies auch von praktischen Gesichtspunkten aus nötig sei, haben erst Vorkommnisse letzterer Zeit klar zutage gebracht, da im Laufe des vom Personale der österreichischen Bundesbahnen in den Tagen vom 8. bis 12. November 1924 wegen schwerer Lohndifferenzen durchgeführten allgemeinen Eisenbahnerstreiks sich plötzlich unerwartete Komplikationen ergaben — es wird auf dieselben noch später des näheren zurückzukommen sein — welche sofort die bisher tatsächlich gehandhabte, einer festen gesetzlichen Grundlage entbehrende oberste Dienstführung bei den Bundesbahnen in eine arge, den Dienst schwer schädigende Verwirrung zu stürzen drohten.

Daß übrigens die durch das Bundesbahngesetz geschaffene neue Dienstorganisation an maßgebenden Stellen selbst schon von Anbeginn an keineswegs als ein bereits definitiv feststehendes, keine wesentliche Abänderung mehr zulassendes Gesetzeswerk angesehen wurde, erhellt aus der Erklärung, die der Generalkommissär Dr. *Zimmermann* seinem bereits erwähnten siebenten, dem Völkerbundrate für die Zeitperiode vom 15. Juni bis 15. Juli 1923 vorgelegten Berichte dahin beifügte, daß die Bedeutung der von der österreichischen Regierung schon einseitig durchgeführten Reformen der Bundesbahnverwaltung nicht überschätzt werden dürfe, daß diese Reform gewissermaßen nur als eine Vorbereitungsmaßnahme zu betrachten sei, welche die erst zu gewärtigende Inangriffnahme der eigentlichen Reform zu erleichtern berufen sei.

Als gewiß läßt sich nach dem im vorstehenden geschilderten Verlaufe der ganzen von der Bundesregierung bisher durchgeführten Reformaktion nur das eine schon jetzt feststellen, daß die Hoffnung, es werde die wahre Odyssee, welche die Frage der Organisation des staatlichen Eisenbahndienstes im Laufe der vielen Jahre seit der Wiederaufnahme des Staatseisenbahnsystems in Österreich im Anfange der Achtzigerjahre des vorigen Jahrhunderts bisher durchzumachen hatte, nun endlich ihren glücklichen, für die Zukunft eine ruhige Weiterentwicklung des Bundesbahnbetriebes verbürgenden Abschluß gefunden haben, sich auch diesmal nicht erfüllt hat, daß vielmehr mit jener Reformaktion wieder nur eine neue, schon alsbald die Inangriffnahme weiterer Organisationsversuche erheischende Etappe der bisherigen Irrfahrten erreicht wurde.

II. Nähere Betrachtungen über die mit dem Bundesbahngesetze und zugehörigen Statute in Betreff der Neuorganisation des bundesstaatlichen Eisenbahndienstes erlassenen meritorischen Anordnungen sowie über die in Abweichung von denselben tatsächlich getroffenen Maßnahmen.

Geht man nach der im vorstehenden gegebenen Schilderung der Vorgänge, die zur Reorganisation der Bundesbahnverwaltung führten, dazu über, die für die Bundesbahnen neugeschaffene Dienstorganisation in ihrer Gänze und in ihren Teilen einer meritorischen Prüfung zu unterziehen, so muß man zunächst die diesfalls im Bundesbahngesetze und im zugehörigen Statute enthaltenen Bestimmungen für sich einer selbständigen näheren Betrachtung würdigen und sodann diese Prüfung auch noch auf die von diesen Bestimmungen in wesentlichen Beziehungen völlig abweichenden, tatsächlich ins Leben geführten Diensteinrichtungen ausdehnen.

Nach beiden Richtungen hin ist angesichts des Curtiussprunges, den die Bundesregierung in dieser wichtigen Organisationsfrage zur Rettung des Bundesstaates aus seiner Finanznot in gänzlich neue und unerprobte Verhältnisse wagte, gar viel zu bedenken und zu sagen.

1. Der der Neuorganisation in erster Linie zugrundegelegte Hauptgrundsatz der Trennung der Betriebsverwaltung von der Hoheitsverwaltung. Vor allem muß es mit Befriedigung begrüßt werden, daß in dem Bundesbahngesetze und in dem demselben nachgefolgten Statute unentwegt an dem schon im Wiederaufbaugesetze vom 27. November 1922 kurz angeordneten und noch später bei einer von der Regierung im März 1923 abgehaltenen Fachenquete seitens der um ihr unbeeinflußtes fachliches Urteil befragten Experten einmütig als richtig erkannten und zur Beibehaltung empfohlenen Hauptgrundsatze der Trennung der Betriebsverwaltung der Bundesbahnen von der Hoheitsverwaltung festgehalten und damit der Hauptfehler der letzten großen Neuorganisation des staatlichen Eisenbahndienstes vom Jahre 1896 für die Zukunft wieder behoben wurde.

Das Prinzip der Trennung der Betriebsverwaltung von der Hoheitsverwaltung war, mehr oder minder scharf ausgeprägt, schon den früheren, seit der Wiederaufnahme des Staatseisenbahnbetriebes in Österreich in den Jahren 1882, 1884 und 1891 vorgenommenen Dienstorganisationen zugrunde gelegen und erst durch das letzte

Organisationsstatut vom Jahre 1896 grundsätzlich in sein Gegenteil verkehrt worden, indem erst mit demselben die oberste Betriebsverwaltung der Staatsbahnen zur Gänze in das damals neu errichtete Eisenbahnministerium selbst verlegt wurde und daher von da ab mit den diesem Ministerium naturgemäß vorbehaltenen, das Eisenbahnwesen betreffenden Hoheitsagenden in einen einheitlichen Dienstkörper zusammengelegt war.

Man wollte, wie damals in dem dem Monarchen diesfalls unterbreiteten Vortrage ausgeführt wurde, dem neu geschaffenen Eisenbahnminister eine kräftige Initiative in allen die öffentlichen Interessen so sehr berührenden Angelegenheiten des Staatseisenbahnwesens wahren und hoffte, durch diese Zusammenlegung auch eine bedeutende Vereinfachung und Verbesserung des Dienstes in allen seinen Zweigen zu erzielen.

Man übersah aber dabei, daß man bei solcher Ordnung der Dinge den viel schwerer wiegenden Nachteil mit in den Kauf nehmen mußte, daß die zur steten, umfassenden Bereitstellung und konsequenten Nutzbarmachung des Eisenbahnbetriebes für die Zwecke und das Gedeihen des ganzen heimischen Wirtschaftslebens unbedingt gebotene Stabilität in der obersten Führung der Staatseisenbahnverwaltung verloren ging, diese oberste Geschäftsführung vielmehr fortwährenden Schwankungen und Wandlungen infolge der durch die Fluktuationen des politischen Lebens hervorgerufenen häufigen Wechsel in den Personen der das Eisenbahnwesen leitenden Minister unterworfen war.

Man überlegte damals zu wenig, daß ein triftiger Grund zur Vornahme einer Neuorganisation des staatlichen Eisenbahnverwaltungsdienstes eigentlich nur in der zu jener Zeit immer stärker in die Erscheinung getretenen Schwerfälligkeit in der Dienstabwicklung bei der bis dahin bestandenen Generaldirektion der österreichischen Staatsbahnen gelegen war, die als mächtiger Mittelpfeiler die ganze Geschäftslast des Staatseisenbahnbetriebes zu tragen hatte.

Da diese Schwerfälligkeit der Dienstabwicklung hauptsächlich in der übergroßen Ausdehnung ihren Grund hatte, welche das dieser Generaldirektion unterstellte staatliche Betriebsnetz, damals schon bis zu einer Gesamtlänge von rund 9000 Kilometer, aufwies, und da dieses Netz noch von Jahr zu Jahr fortschreitenden Erweiterungen entgegensah, wäre es weitaus richtiger gewesen, statt diese Generaldirektion gänzlich aufzulösen und einen Großteil der von ihr bewältigten Geschäftslast direkt in die Ministerialarbeit einzubeziehen, an Stelle dieser einen Generaldirektion deren mehrere, je für größere, der gleichartigen Richtung ihrer Linien nach einheitliche Verkehrsgebiete umfassende und darstellende Betriebsnetze zu errichten.

Nur nebenbei sei darauf hingewiesen, um wie viel einfacher sich gleich anfänglich nach dem Zusammenbruche der Monarchie die Situation für die Regierung in Ansehung der Weiterführung der Geschäfte der staatlichen Eisenbahnverwaltung gestaltet hätte, wenn man schon 1896 diesen richtigeren Weg gegangen wäre. Man wäre dann der Notwendigkeit überhoben gewesen, für die Weiterführung des Betriebes auf dem der Republik verbliebenen wesentlich verkleinerten staatlichen Betriebsnetze die Vornahme grundstürzender Änderungen in der Dienstorganisation des ganzen bundesstaatlichen Eisenbahnwesens und namentlich der obersten Verwaltungsstellen ins Auge zu fassen.

Es wäre vielmehr die Generaldirektion bereits vorhanden gewesen, die, schon losgelöst von der von dem Ministerium weiter zu besorgenden Hoheitsverwaltung, für das der Republik der Hauptrichtung der Bahnlinien nach fast allein verbliebene westliche und südwestliche Betriebsnetz die Verwaltungs- und Betriebsgeschäfte ohne allzugroße Umwälzungen und tiefergreifende Organisationsänderungen in ruhigeren Bahnen hätte weiterführen können.

2. Der weitere Hauptgrundsatz der Bildung eines selbständigen Wirtschaftskörpers für die Betriebsverwaltung der Bundesbahnen unter dem notwendigen Vorbehalte der nachträglichen Prüfung seiner finanziellen Gebarung durch staatliche Kontrollorgane. Nicht minder zu begrüßen ist es gewiß an sich, daß im Bundesbahngesetze auch an dem zweiten, schon im Wiederaufbaugesetze vom 27. November 1922 für die Reorganisation der Bundesbahnen vorgesehenen Hauptgrundsatze der Bildung eines eigenen, im kaufmännischem Geiste zu verwaltenden Wirtschaftskörpers für die Bundesbahnen festgehalten wurde.

Durch die strenge rechnerische Absonderung des Vermögens der Bundesbahnen und der Gebarung mit demselben von dem übrigen Vermögen des Bundes und durch die Loslösung seiner Verwaltung aus ihrer bisherigen Eingliederung in den allgemeinen bundesstaatlichen Verwaltungsapparat wurde es nun ermöglicht, für den Bundesbahnbetrieb einen nur seinen eigenen Bedürfnissen angepaßten selbständigen Haushalt zu führen und bei einer sachlich richtigen, den diesfalls sehr zutreffenden Ausführungen im Acworthschen Gutachten entsprechenden Budgetierung und Verrechnung jederzeit ein klares, unverfälschtes Bild über den Ertrag und die wahre finanzielle Lage der Bundesbahnen zu gewinnen.

Damit konnte nun auch die weitgehende finanzielle Bevormundung, die durch die staatliche Finanzverwaltung, namentlich während des Bestandes des alten Kaiserstaates, Dezennien hindurch gegenüber der Staatseisenbahnverwaltung bis in kleinliche Details hinein geübt und von der Öffentlichkeit stets, als einer wünschenswerten großzügigen staatlichen Führung des Verkehrswesens in hohem Grade abträglich, aufs lebhafteste beklagt und bekämpft wurde, in solch weitem Umfange ihr Ende finden und konnte eine an sich als durchaus notwendig zu erachtende und festzuhaltende staatsfinanzielle

Überwachung der Verwaltung der Bundesbahnen bei zweckentsprechender Organisierung des diesfälligen Dienstes auf ein richtiges Maß eingeschränkt werden.

Die Vorteile einer Selbständigstellung der Bundesbahnverwaltung unter den eben gekennzeichneten Modalitäten hätten nach den einschlägigen, geeignete Vorbilder abgebenden Einrichtungen anderer Länder zweifellos in ihrer Wesenheit dadurch erreicht werden können, daß der für den Weiterbetrieb der Bundesbahnen gebildete eigene Wirtschaftskörper, losgelöst von der Hoheitsverwaltung, grundsätzlich als eine vom Staate selbst zu verwaltende öffentliche Anstalt organisiert worden wäre. Es wäre ein solcher Vorgang mit Rücksicht auf den bisherigen rein staatlichen Charakter dieser Betriebführung als der nächstliegende und einfachste zu allererst in sorgfältige Erwägung zu ziehen gewesen.

Dies geschah jedoch nicht. Dem gerade damals heftigen, auf eine Kommerzialisierung und Privatisierung des Bundesbahnbetriebes gerichteten Drängen weiter, insbesondere industrieller Kreise nachgebend, wurde vielmehr schon in der Reformvorlage der Bundesregierung und auf Grund derselben sodann in dem Bundesbahngesetze zur Durchführung der beiden Hauptgrundsätze der Trennung der Betriebsverwaltung der Bundesbahnen von der Hoheitsverwaltung und der Bildung eines eigenen Wirtschaftskörpers für die erstere sofort in der Weise ein neuer Weg betreten, daß zu diesem Zwecke eine selbständige Unternehmung unter der Firma „Österreichische Bundesbahnen“ mit dem Sitze in Wien und mit der Maßgabe errichtet wurde, daß dieselbe eine juristische Person zu bilden habe und als Kaufmann beim Handelsregister in Wien zu protokollieren sei.

Im Bundesbahngesetze wurde sohin angeordnet, daß dieses Unternehmen das gesamte Vermögen der Bundesbahnen mit allen damit verbundenen Rechten und Pflichten treuhändig zu verwalten und seine Gebarung bei Wahrung und Sicherung der allgemeinen Interessen nach kaufmännischen Grundsätzen zu führen habe.

Es wurde weiters ausgesprochen, daß, insolange und insoweit es der Unternehmung nicht möglich sei, die Deckung der Ausgaben in den Einnahmen zu finden, der Abgang vom Bunde werde gedeckt werden und daß der hienach den Bundesbahnen zu leistende Bundeszuschuß im jeweiligen Bundesfinanzgesetze verfassungsmäßig sicherzustellen sein werde (§ 2).

Für den Fall der Erzielung eines Reingewinnes wurde angeordnet, daß ein angemessener Teil desselben zur Bildung einer Rücklage zum Zwecke der Deckung außerordentlicher Ausgaben, wie von Fehlbeträgen der Ertragsrechnung zu verwenden sei, wogegen der Rest des Reingewinnes dem Bundesschatze zuzufallen habe (§ 18).

Wie aus dem der seinerzeitigen Regierungsvorlage über die Bundesbahnreform beigegebenen Motivenberichte hervorgeht, war der Wille der Regierung bei dieser Konstruktion des Wirtschaftskörpers dahingegangen, der neugeschaffenen Betriebsunternehmung durch die gesetzliche Zuerkennung voller kaufmännischer Handlungsfähigkeit und damit eigener Kreditfähigkeit die Möglichkeit zu bieten, unabhängig von der staatlichen Finanzverwaltung den Geldmarkt zur Aufbringung der Mittel für betriebsverbessernde Investitionen innerhalb bestimmter Grenzen selbst unmittelbar in Anspruch zu nehmen.

Man wollte durch diese Vorgangsweise offenbar dem erwähnten Drängen industrieller Kreise möglichst entgegenkommen.

Diese Kreise hatten jedoch, eine vollständige Kommerzialisierung des Bundesbahnbetriebes anstrebend, die weitergehende Forderung erhoben, daß der neuen Unternehmung mit Rücksicht auf das große Investitionsbedürfnis der Bundesbahnen und auf die Notwendigkeit der Bereitstellung der zu einer ökonomischen Betriebführung erforderlichen Mittel eine vollkommen selbständige Anleihewirtschaft und eine gänzlich unbeschränkte Bewegungsfreiheit hinsichtlich der kaufmännischen Kreditgebarung zugestanden werde.

In so weitem Umfange vermochte die Bundesregierung dieser Forderung allerdings unmöglich zu entsprechen.

In dem in dieser Richtung im Laufe der parlamentarischen Beratung gegenüber der ursprünglichen Regierungsvorlage noch rückhaltender abgefaßten Bundesbahngesetze mußten vielmehr, an der Erkenntnis festhaltend, daß die Bundesbahnen als der wertvollste Bestandteil des gesamten Volksvermögens unter allen Umständen im Eigentume des Bundes behalten werden müssen und daß daher dieser bundesstaatliche Besitz der neuerrichteten Betriebsunternehmung nur zur Verwaltung im Interesse des Bundes übergeben werden könne sowie in der Erwägung, daß selbstverständlich nach Zeitdauer und Umfang weitergreifende Belastungen dieses Besitzes auch den allgemeinen Staatskredit erheblich zu beeinflußen vermögen, die Grenzen für die freie Bewegung des neuerrichteten Betriebsunternehmens um ein erhebliches enger gezogen werden.

Insbesondere erheischte es das staatliche Interesse, daß für die voraussichtlich immer noch einige Zeit währende Periode, in welcher der Bund die Abgänge beim Bundesbahnbetriebe durch Zuschüsse zu decken haben werde, die Finanzgebarung der Bundesbahnverwaltung einer noch intensiveren Überwachung seitens des Bundes, namentlich auch in meritorischer Beziehung, unterworfen bleibe.

Wenn auch im Bundesbahngesetze eine diesfällige weitergehende staatliche Überwachungspflicht nicht ausgesprochen ist, so ergibt sich doch die Notwendigkeit einer solchen von selbst und unausweichlich aus der Anordnung des Bundesbahngesetzes, daß der vom Bunde den Bundesbahnen jeweilig zu leistende Bundeszuschuß im Bundesfinanzgesetze verfassungsmäßig sicherzustellen ist, daher bezüglich dieser bundesstaatlichen Leistung ganz gleich wie bezüglich sonstiger durch das Finanzgesetz festzulegender Staatsausgaben dem Nationalrate die zur Ermöglichung eines von ihm zu fassenden sachgemäßen Beschlusses erforderlichen Unterlagen durch die ihm verantwortliche Bundesregierung und staatliche Rechnungskontrolle in ausreichendem Umfange bereitgestellt werden müssen, was im vorliegenden Falle nur auf Grund einer stets rechtzeitig von den hiezu berufenen staatlichen Organen vorgenommenen meritorischen Prüfung der Finanzgebarung der Bundesbahnverwaltung geschehen kann.

Eine solche dauernde staatliche Rechnungskontrolle wird auch in jenen späteren anzuhoffenden Zeiten, in welchen der Bundesbahnbetrieb die Deckung seiner Auslagen in seinen Einnahmen zu finden und einen Reingewinn abzuwerfen in der Lage sein wird, grundsätzlich nicht entbehrt werden können, da nach den zitierten Bestimmungen des Bundesbahngesetzes der nach Bildung einer entsprechenden Rücklage verbleibende Rest eines solchen Reingewinnes dem Bundesschatze zuzufallen hat und es daher nur als recht und billig erkannt werden muß, daß der Bund sich von der Angemessenheit der Höhe diesfälliger Abfuhren durch seine eigenen Organe eine selbständige Überzeugung zu verschaffen die Möglichkeit habe.

Zum gleichen Schlusse der Angemessenheit der Einrichtung einer ständigen meritorischen staatlichen Rechnungskontrolle gegenüber der Bundesbahnverwaltung führt endlich auch noch die Erwägung, daß dem Bunde, entsprechend den von Acworth in seinem Gutachten gestellten Anträgen, abgesehen von den von ihm der Unternehmung „Österreichische Bundesbahnen" selbst zu leistenden Zuschüssen auch noch andere direkt aus dem Betriebe der Bundesbahnen resultierende Zahlungen zur Last fallen, derselbe insbesondere auf Grund vertragsmäßig übernommener Garantieverpflichtungen die Betriebsausfälle für eine Reihe von Lokalbahnen zu tragen hat, welche von den Bundesbahnen gemäß jener Verträge für Rechnung der betreffenden Eigentümer betrieben werden.

Der Bund hat unzweifelhaft auch in dieser Beziehung ein höchst eigenes Interesse, sich über die richtige Begrenzung der für die Feststellung der diesfälligen Ausfälle maßgebenden Betriebsverrechnungen durch seine eigenen Organe ein selbständiges Urteil zu bilden.

Die Möglichkeit, die notwendige Bedachtnahme auf diese staatlichen Bedürfnisse ausreichend zu sichern, erscheint schon durch die allgemeine Bundesgesetzgebung gegeben, indem im Art. 121 des österreichischen Bundesverfassungsgesetzes vom 1. Oktober 1920, B. G. Bl. Nr. 1, ausdrücklich vorgesehen wurde, daß dem Bundesrechnungshofe, der zur Überprüfung der Gebarung der gesamten Staatswirtschaft des Bundes, ferner der Verwaltung der von Organen des Bundes verwalteten Stiftungen, Fonds und Anstalten berufen ist, auch die Überprüfung der Gebarung von Unternehmungen übertragen werden könne, an denen der Bund finanziell beteiligt ist.

Da diese Beteiligung des Bundes an dem Unternehmen der österreichischen Bundesbahnen nach dem Gesagten außer jedem Zweifel steht, kann es sich nur darum handeln, dem sich hieraus für den Bund hinsichtlich der Finanzgebarung der Bundesbahnen ergebenden

Kontrollbedürfnisse dadurch Rechnung zu tragen, daß dem Bundesrechnungshofe durch einen der Gesetzesvorlage entsprechenden staatlichen Akt diese Kontrolle auch wirklich übertragen werde — sei es, daß dies durch eine einfache Regierungsverordnung geschehe, die in diesem Falle als ausreichend zu erachten wäre, da es sich dabei nur um die glatte Durchführung einer vom Nationalrate bereits, u. zw. mit qualifizierter Majorität ausgesprochenen Willensmeinung zu handeln hat — sei es, wie es von anderer Seite gefordert wird, erst im Wege eines zweiten diesfalls vom Nationalrate noch mit einfacher Majorität zu beschließenden Gesetzes, in welchem Falle aber nicht zum Nutzen der Sache eine vom Nationalrate bereits unter bestimmten Voraussetzungen als zulässig, ja wünschenswert erkannte staatliche Maßregel trotz des Zutreffens dieser Voraussetzungen aus rein formalen Rücksichten ohne sachliche Notwendigkeit nur noch weiteren, durch parlamentarische Konstellationen verursachten Verschleppungsmöglichkeiten ausgesetzt sein würde.

Aus den bisher über die Dienstorganisation der österreichischen Bundesbahnen veröffentlichten Vorschriften erhellt nicht, daß bereits tatsächlich für die organische Einrichtung einer nach vorstehendem wünschenswerten ständigen meritorischen Überwachung der Finanzgebarung der Bundesbahnverwaltung durch staatliche Organe Vorsorge getroffen wurde.

Aus dem vom Präsidenten des bundesstaatlichen Rechnungshofes an den Nationalrat für das Jahr 1923 erstatteten Tätigkeitsberichte, der erst vor kurzem veröffentlicht wurde, ergibt sich vielmehr leider, daß während dieser Rechnungshof in diesfälligen Verhandlungen mit dem Bundeskanzleramte den sachlich richtigen Standpunkt eingenommen hatte, daß die Bundesbahnen, da sie nach wie vor Bundeseigentum und in wichtigen Belangen vom Bunde finanziell abhängig geblieben seien, aus seinem Kontrollbereiche nicht ausgeschieden seien, das Bundeskanzleramt einen gegenteiligen Standpunkt eingenommen habe und daß der Rechnungshof, da es zu einer einverständlichen Auffassung nicht gekommen sei, sich bis auf weiteres jeder Kontrollshandlung gegenüber dem selbständigen Wirtschaftskörper „Österreichische Bundesbahnen“ enthalte.

Es wäre durchaus verfehlt, wenn man sich, das zweifellos vorwaltende staatliche Bedürfnis nach einer solchen ständigen meritorischen Rechnungskontrolle wirklich dauernd beiseitestellend, leichthin entschlöße, der auf privatrechtlicher Grundlage errichteten Betriebsunternehmung der österreichischen Bundesbahnen etwa lediglich dem Wesen eines für die künftige Verwaltung der Bundesbahnen durch das Bundesbahngesetz geschaffenen Treuhandverhältnisses zuliebe in den erwähnten Beziehungen eine zu weit gehende Selbständigkeit zuzugestehen.

Es steht übrigens nach den erst in allerjüngster Zeit in die Öffentlichkeit gedrungenen Intentionen aller für eine solche Maßnahme kompetenten obersten staatlichen Organe denn doch zu hoffen, daß eine solche durchaus notwendige staatliche Kontrolle der Finanzgebarung der selbständigen Betriebsverwaltung der Bundesbahnen wenigstens im Wege eines diesfalls neu zu beschließenden Gesetzes endlich in nicht ferner Zeit tatsächlich ins Leben treten werde.

3. Die Dienstvorschrift über die Bildung einer besonderen Verkehrssektion im Ministerium für Handel und Verkehr zur Wahrnehmung der Hoheitsagenden einschließlich der staatlichen Oberaufsicht über die Eisenbahnen. Nachdem durch das Bundesbahngesetz die beiden Grundsätze der Trennung der Betriebsverwaltung von der Hoheitsverwaltung und der Bildung eines eigenen Wirtschaftskörpers für die erstere als die wesentlichsten der Neuordnung der Bundesbahnverwaltung zugrunde zu legenden Maßnahmen in der eben besprochenen Weise festgestellt worden waren, mußte eine der nächsten und wichtigsten zu lösenden organisatorischen Aufgaben darin erblickt werden, für die einzelnen Hauptzweige des Bundesbahndienstes positive Vorschriften über die Abgrenzung des dem Ministerium aus dem Titel der Hoheitsverwaltung und des aus derselben fließenden staatlichen Aufsichtsrechtes noch fortab vorzubehaltenden Wirkungskreises von der Gesamtheit derjenigen Geschäfte aufzustellen, die nunmehr voll und ganz der als eigener Wirtschaftskörper neu geschaffenen Unternehmung „Österreichische Bundesbahnen" zur selbständigen und verantwortlichen Wahrnehmung zuzufallen haben.

Von einer solchen positiven detaillierten Grenzziehung konnte nicht abgesehen werden, da die Hoheitsverwaltung mit dem daraus fließenden Aufsichtsrechte einerseits und die Betriebsverwaltung anderseits keine derart festumschriebenen Begriffe darstellen, daß sich ohneweiters in jedem einzelnen Falle von selbst die Einordnung einer Angelegenheit in das eine oder das andere dieser beiden Verwaltungsgebiete ergeben würde.

Es mußte vielmehr erst dazu geschritten werden, in sorgfältiger Erwägung die dem Ministerium hinsichtlich der verschiedenen Hauptzweige des Bundesbahndienstes aus dem Titel des Hoheits- und obersten Aufsichtsrechtes noch fernerhin zur entscheidenden Wahrnehmung vorzubehaltenden Agenden in taxativer Aufzählung festzustellen, sei es, daß sich bei denselben wegen ihrer Allgemeingültigkeit auch für andere Bahnunternehmungen die Notwendigkeit des Vorbehaltes ihrer Entscheidung durch das Ministerium ergibt, sei es, daß es sich um die Wahrnehmung von Angelegenheiten handelt, deren Ordnung aus zwingenden Gründen im Interesse der Allgemeinheit unbedingt der Staatsverwaltung als solcher vorbehalten bleiben muß.

Von der Regierung und insbesondere auch vom Bundeskanzler selbst war bei verschiedenen Anlässen erklärt worden, daß als Richtlinie für diese Abgrenzung an dem Gesichtspunkte werde festgehalten werden, daß bei dem Umstande, als für den Bundesbahnbetrieb im Interesse seiner finanziellen Sanierung eine hauptsächlich nur vom kaufmännischen Geiste getragene und nur kaufmännischen Grundsätzen folgende Geschäftsführung sicherzustellen sein werde, der neuen Unternehmung „Österreichische Bundesbahnen“ in möglichster Anlehnung an die bewährten Organisationsformen gut geleiteter Privateisenbahngesellschaften mindestens dasselbe Maß an Selbständigkeit zu gewährleisten sein werde, das konzessionsmäßig den Privatbahnverwaltungen zugebilligt und von letzteren wieder in weitem Umfange dann vollmachtsmäßig auch den von ihnen bestellten Direktionen eingeräumt zu werden pflegte.

Selbstredend war einer nach solchen Gesichtspunkten vorgenommenen Abgrenzung des dem Ministerium aus dem Titel der Hoheitsverwaltung und des obersten Aufsichtsrechtes noch weiterhin vorzubehaltenden Wirkungskreises für die sonach gewollte weitestgehende Selbständigstellung der Bundesbahnverwaltung eine so überragende, ja grundlegende Bedeutung beizumessen, daß man hätte meinen sollen, es werde, um die freie Arbeitsbetätigung der neuen Unternehmung vor der Gefahr künftiger Einschränkungsversuche durch fremde, insbesondere politische Einflüsse ein für allemal zu schützen, als ein dringendes Bedürfnis empfunden werden, diese Abgrenzung schon im Bundesbahngesetze selbst einer nicht weiter anfechtbaren klaren Regelung zu unterziehen. Dies geschah jedoch so allgemein, wie es erwartet werden konnte, nicht.

Tatsächlich erfolgte eine diesfällige Regelung im Bundesbahngesetze selbst nur hinsichtlich einiger besonders wichtiger Punkte, u. zw. solcher, in welchen die Regierung sich gerade umgekehrt eine, die Freiheit der Bewegung der Betriebsverwaltung erheblich einschränkende Einflußnahme vorbehalten zu müssen glaubte.

Auch in dem, dem Bundesbahngesetze nachgefolgten Statute wurde keine allgemeine, auf alle Zweige des Bundesbahndienstes sich erstreckende Abgrenzung der Hoheits- und Staatsaufsichtsagenden von dem Wirkungskreise der Betriebsverwaltung vorgenommen; ja es wurde in demselben dieses Thema überhaupt nicht berührt.

Es wurde sohin für die notwendige Feststellung dieser Abgrenzung der Weg gewählt, daß in einer vom Bundesministerium für Handel und Verkehr unterm 29. September 1923 im Amtsblatte dieses Ministeriums verlautbarten Dienstanweisung, mit welcher die Errichtung einer eigenen Sektion in letzterem für die staatshoheitlichen und aufsichtsbehördlichen Angelegenheiten des Verkehrswesens verfügt wurde, zugleich eine sachliche Gliederung dieser Sektion in sieben, das Eisenbahnwesen betreffende Abteilungen und eine bis ins Detail sorgsam ausgearbeitete Geschäftsverteilung unter diese Abteilungen aufgestellt wurde, aus welcher nunmehr zur Gänze diejenigen Agenden entnommen werden können, die mit Wirksamkeit auch gegenüber der Bundesbahnverwaltung fernerhin in allen Dienstzweigen dem Ministerium für Handel und Verkehr zur Wahrnehmung oder doch maßgebenden Einflußnahme aus dem Titel der Hoheitsverwaltung und des staatlichen Aufsichtsrechtes vorbehalten bleiben.

Es besteht nur der Zweifel, ob bei dem verhältnismäßig nicht allzureichen Personalstande, über den die Verkehrssektion des Bundesministeriums für Handel und Verkehr verfügt, dieselbe imstande sein werde, die ihr nach der in Rede stehenden Geschäftsverteilung zur Wahrnehmung oder Mitwirkung noch vorbehaltene Fülle von Verwaltungsarbeit auch wirklich zu bewältigen; es dürfte zu besorgen sein, daß unter solchen Verhältnissen so manche dieser Agenden, u. zw. vielleicht gerade wichtige Agenden allgemeiner Natur, wie beispielsweise die längst fällige Revision und Neuaufstellung allgemeiner Eisenbahngesetze, Regelung des Eisenbahnfachbildungswesens etc., ebenso wie es bisher schon seit Jahrzehnten leider der Fall war, auch weiterhin immer noch als erst der Lösung harrende Probleme werden fortgeschleppt werden müssen.

Zu begrüßen ist es, daß infolge der selbständigen Organisierung des von der Bundesbahnverwaltung getrennten Dienstes für die Eisenbahnhoheitsagenden nunmehr im Bestande des Bundesministeriums für Handel und Verkehr und seiner Verkehrssektion wieder eine oberste Eisenbahnverwaltungsstelle gegeben erscheint, die berufen ist, in einer für alle Welt offensichtlichen objektiven Weise die oberste Administrativentscheidung in Streitigkeiten zu fällen, die zwischen der Verwaltung der Bundesbahnen einerseits und einzelnen Unternehmungen der an letztere anschließenden Privat- und insbesondere Lokalbahnen anderseits sich ergeben und in welchen die letzteren nach den einschlägigen Gesetzen und bzw. Betriebsverträgen verbunden sind, sich der im administrativen Wege zu fällenden Entscheidung des Ministeriums mit Ausschluß des Rechtsweges zu fügen. In den Zeiten, in welchen die oberste Leitung des Betriebes der Staats- bzw. Bundesbahnen in den Händen des Ministeriums selbst lag, fungierte letzteres bei der Entscheidung in derartigen Streitfällen in unzulässiger Weise tatsächlich als Richter in eigener Sache.

4. Die dem Ministerium für Handel und Verkehr gegenüber der Betriebsverwaltung der Bundesbahnen bezüglich einzelner Dienstzweige vorbehaltene weitergehende Einflußnahme auf deren Geschäftsführung. Diejenigen Zweige des Dienstes, bezüglich deren nach den Bestimmungen des Bundesbahngesetzes selbst der Bundesregierung noch weiterhin eine entscheidende Einflußnahme auf die Geschäftsgebarung der Bundesbahnverwaltung gewahrt wurde, betreffen erstlich das Gebiet der Tarifpolitik, dann dasjenige der finanziellen Gebarung und insbesondere der Kreditpolitik und endlich die allerdings nur vorübergehende, aber doch noch für eine längere Zeitperiode im Vordergrunde stehende Frage des Personalabbaues.

Was erstlich die Tarifpolitik betrifft, so ist durch das Bundesbahngesetz, während in den für Privateisenbahnen erteilten Konzessionen der Regierung regelmäßig nur die Festsetzung von Maximaltarifen vorbehalten wurde und die Regelung der Fahr- und Frachtpreise innerhalb der Grenzen dieser Maximaltarife dem freien Ermessen der betreffenden Privatbahnverwaltungen überlassen blieb, für den Bereich der Bundesbahnen das Tarifbestimmungsrecht aus Gründen des unzerreißbaren Zusammenhanges der Eisenbahntarifpolitik mit der allgemeinen staatlichen Wirtschaftspolitik in allen wichtigen Belangen vollkommen in die Hand der Bundesregierung gelegt und dem Vorstande der neu errichteten Unternehmung „Österreichische Bundesbahnen“ nur das Recht der Antragstellung und bzw. auch die Begutachtung in Aussicht genommener Tarifänderungen gewahrt worden, wobei letzterem noch der Zwang auferlegt wurde, über Verlangen der Bundesregierung Anträge auf Abänderung bestehender Tarife selbst dann zu stellen, wenn ihm eine solche aus bloß kaufmännischen Rücksichten nicht am Platze zu sein schiene.

Die durch die Bundesgesetzgebung hinsichtlich einer weiteren Einflußnahme der Bundesregierung auf die laufende Finanzgebarung der Bundesbahnverwaltung neu geschaffene Sachlage wurde bereits einer näheren Besprechung unterzogen.

Speziell auf dem Gebiete der Kreditpolitik wurde durch die Bestimmung des Bundesbahngesetzes, daß das Unternehmen zur Aufnahme von Krediten schon mit einer Laufzeit von mehr als einem Jahr und nicht erst von mehr als fünf Jahren, wie es zuerst im Regierungsentwurfe beantragt war, der Zustimmung der Minister für Handel und Verkehr und für Finanzen sowie weiters zur Aufnahme von inländischen Anleihen im Werte von über einer Million Goldkronen oder einer ausländischen Anleihe von über 500.000 Goldkronen der Zustimmung der Bundesregierung bedürfe, demselben die Möglichkeit genommen, eine großzügige, die Aufnahme von Anleihen über obige Zifferngrenzen erfordernde Investitionstätigkeit selbständig nach eigenem freien kaufmännischen Ermessen vorzunehmen; es wurde vielmehr, abgesehen von noch anderen, die Kreditfähigkeit der Bundesbahnen beeinträchtigenden Festsetzungen, wohin vor allem der Mangel eines eigenen, ausreichend hohen Vermögens der Unternehmung sowie die Unzulänglichkeit der nach dem Gesetze zur Sicherstellung aufzunehmender Anleihen zugelassenen Maßnahmen zählen, für nötig erachtet, die Inangriffnahme und Durchführung solcher, größere Mittel in Anspruch nehmender Investitionen sowie die Bestimmung ihres Maßes und ihres Umfanges von der vorgängigen Prüfung einschlägiger, in erster Linie in Betracht zu ziehender staatsfinanzieller Rücksichten durch die Bundesregierung abhängig zu machen.

Was schließlich die gegenwärtig immer noch besonders aktuelle Frage des Personalabbaues betrifft, wurde die Unternehmung „Österreichische Bundesbahnen“ im Hinblick auf die staatlicherseits dem Völkerbundrate gegenüber übernommenen Ersparungsverpflichtungen durch die Bestimmungen des Bundesbahngesetzes verhalten, bei dieser Aktion auch im Bereiche der Bundesbahnen genau nach den von der Bundesregierung allgemein getroffenen Anordnungen vorzugehen, auch wenn spezielle eisenbahndienstliche Rücksichten im Interesse der sicherzustellenden Transportleistungen ein bedächtigeres Vorgehen wünschenswert erscheinen ließen.

Die in den vorstehend erörterten wichtigen Richtungen im Bundesbahngesetze getroffenen, die Selbständigkeit der Betriebsverwaltung aus staatlichen Rücksichten wesentlich einschränkenden Bestimmungen finden ihre Rechtfertigung in der Erkenntnis, daß auf den im staatlichen Besitze befindlichen Eisenbahnen anders als auf bloßen Privatbahnen eine Führung des Betriebes, so, wie es neuestens vielfach gefordert werden will, lediglich nach rein kaufmännischen Grundsätzen, d. h. also lediglich vom Gesichtspunkte des zu erzielenden und zu mehrenden Erträgnisses aus, ungeachtet der gewiß großen Bedeutung einer solchen grundsätzlichen Art der Betriebführung auch für die ersteren, denn doch oftmals nicht das richtige wäre, daß es vielmehr beim Betriebe solcher staatlicher Eisenbahnlinien vielfach unausweichlich erscheint, in erster Linie auch auf durch deren Bestand und Verwaltung besonders berührte, unbedingt staatlicher Wahrnehmung und Förderung bedürftige öffentliche Interessen, sei es staatsfinanzieller, sei es volkswirtschaftlicher, sei es sozialpolitischer Natur, mit Rücksicht zu nehmen und daß ein befriedigender Ausgleich zwischen diesen beiden oft auseinandergehenden Richtungen häufig nur im Wege von durch die Regierung herbeizuführenden Kompromissen gefunden werden kann.

Aus solcher Erwägung ergibt sich dann aber auch die Erkenntnis, daß der so oft gehörte Ruf nach vollständiger Kommerzialisierung des Betriebes der Bundesbahnen, bei grundsätzlicher Belassung derselben im Eigentume des Bundes, denn doch nur ein in seiner Gänze nicht realisierbares Schlagwort bildet und es muß vorweg der Zweifel ausgesprochen werden, ob unter derartigen Verhältnissen überhaupt die durch das Bundesbahngesetz für den Betrieb der Bundesbahnen geschaffene Einrichtung eines selbständigen, in seiner Wesenheit nur nach den Bestimmungen des Handelsgesetzbuches über den Kaufmann und somit nur privatrechtlich geregelten Betriebsunternehmens für den Neuaufbau der Bundesbahnverwaltung wirklich eine dauernden Erfolg versprechende, richtige und zweckentsprechende Organisationsform bildete — eine Frage, auf die noch besonders zurückzukommen sein wird.

5. Die Mangelhaftigkeit der Bestimmungen des Bundesbahngesetzes in betreff der staatlicherseits über den Bauzustand und den Betrieb der Eisenbahnen zu führenden Oberaufsicht. Außer den vorstehend besprochenen Punkten sind im Bundesbahngesetze, was die

eisenbahndienstlichen Beziehungen der Hoheitsverwaltung zur Betriebsverwaltung der Bundesbahnen betrifft, nur noch bezüglich der Grenzen der staatlicherseits über den Bauzustand und der Betrieb der Bundesbahnen zu führenden Oberaufsicht nähere, aber gerade in dieser Hinsicht leider keineswegs ausreichende Bestimmungen enthalten, so daß in dieser wichtigen Beziehung in der Neuorganisation der Bundesbahnverwaltung dermalen eine auffallende, empfindliche Lücke klafft.

Die Notwendigkeit, staatlicherseits über den Bauzustand und den Betrieb aller Eisenbahnen fortgesetzt eine effektive Oberaufsicht zu führen, ergab sich schon im Beginn der Eisenbahnära aus der Erkenntnis der größeren Gefahren, die mit der eigentümlichen Beschaffenheit der Eisenbahnen, als mit maschineller Kraft betriebener, einen komplizierten Arbeitsmechanismus aufweisender Massentransportmittel, für Leib und Leben des sie benützenden Publikums verbunden sind — eine Tatsache, die den Bahnverwaltungen die unabweisliche Pflicht auferlegt, dem Vorhandensein und der ordnungsmäßigen Handhabung möglichst weitgehender technischer und dienstlicher Sicherheitsvorkehrungen ihre stete besondere Sorge zuzuwenden.

Es mußte als im eminentesten öffentlichen Interesse gelegen und damit als Staatsaufgabe katexochen betrachtet werden, daß der Staat vermöge seines Oberhoheitsrechtes die von ihm zur Führung eines Monopolbetriebes auf den Eisenbahnen autorisierten Verwaltungen in der Erfüllung dieser ihrer verantwortlichen Verpflichtung ständig auf das sorgfältigste überwache.

An der Hand der in dieser Hinsicht gesammelten Erfahrungen kam die Regierung schon frühzeitig dahin, für die unbeirrte Vollziehung dieser wichtigen Staatsaufgabe eine eigene selbständige, mit weitgehender amtlicher Autorität ausgestattete staatliche Aufsichtsbehörde zu errichten. Es war dies die nach mehrfachen vorangegangenen Versuchen zuletzt auf Grund der Eisenbahnbetriebsordnung vom 16. November 1851 im Jahre 1856 errichtete und organisierte Generalinspektion der österreichischen Eisenbahnen, die nach den Bestimmungen dieser mit Gesetzeskraft erlassenen kaiserlichen Verordnung den Beruf erhielt, als Hilfsorgan des Ministeriums im Sinne der bestehenden Gesetze und Verordnungen die Aufsicht und Kontrolle über den Bauzustand und Betrieb der dem öffentlichen Verkehr übergebenen Staats- und Privatbahnen zur Handhabung der Ordnung und Sicherheit des Bahnbetriebes auszuüben. Zur Sicherung ihrer Wirksamkeit ward ihr ein selbständiges Disziplinarrecht über das ganze im Bahnbetriebe verwendete Personal, einschließlich der Direktionen selbst, zugesprochen, von dem sie im Laufe der vielen Jahrzehnte, dank der von den Bahnverwaltungen selbst auf Grund gesetzlicher Ermächtigung in ihrem eigenen Dienstbereiche ausgeübten Disziplinargewalt, nur in einigen wenigen, besonders grellen Fällen Gebrauch zu machen in die Lage kam.

Noch zur Zeit des damaligen gemischten Systems errichtet, gewann ihre der Sicherheit und Exaktheit des Bahnbetriebes gewidmete Überwachungstätigkeit alsbald schon eine besondere Wichtigkeit in der dem Verkaufe der damaligen Staatsbahnen in den Jahren 1854 und 1858 gefolgten reinen Privatbahnära der Sechziger- und Siebzigerjahre, da bei der selbständigen Stellung, welche die nur durch die Bestimmungen der ihnen verliehenen günstigen Konzessionen in ihrer Betriebführung eingeschränkten großen Privatbahnverwaltungen gegenüber der Staatsverwaltung inne hatten, staatlicherseits die Gefahr besonders im Auge behalten werden mußte, daß von denselben in dem Streben nach möglichster Erhöhung der Rentabilität ihrer Unternehmungen durch eine weitgetriebene Ökonomie bei den Betriebsauslagen die zur Aufrechthaltung der Betriebssicherheit gebotenen Vorsichten und Schutzvorkehrungen möglicherweise nicht in ausreichendem Maße zur Anwendung gebracht werden.

Die von der Generalinspektion mit vollem Ernste kontinuierlich ausgeübte Überwachungsarbeit war in dieser Zeitperiode der Regierung vielfach behilflich, den durch den Verkauf der Staatsbahnen der Staatsgewalt fast gänzlich abhanden gekommenen Einfluß auf den Betrieb der heimischen Eisenbahnen derselben allmählich wieder zurückzugewinnen und zu befestigen.

Nach Wiederaufnahme des Staatseisenbahnbetriebes in Österreich mit Beginn der Achtzigerjahre hatte die Generalinspektion ihre in den Bestimmungen der Eisenbahnbetriebsordnung gegründete Überwachungstätigkeit in vollem Umfange auch auf den Linien des neu entstandenen Staatseisenbahnnetzes aufzunehmen bzw. fortzusetzen. Daran änderte auch der Umstand nichts, daß im Jahre 1884 für die Verwaltung und den Betrieb des Staatseisenbahnnetzes, welches damals eine gegen den Umfang des heutigen Bundesbahnnetzes nicht allzu verschiedene Ausdehnung aufwies, eine fachlich umfassend ausgestaltete Generaldirektion mit einem Präsidenten an ihrer Spitze errichtet wurde, dem in unmittelbarer Unterstellung unter den Handelsminister organisationsmäßig die größte Selbständigkeit in der Geschäftsführung, ja eine fast noch weitergehende Machtbefugnis zugesprochen war, als eine solche neuestens durch das Bundesbahngesetz der ganzen Unternehmung „Österreichische Bundesbahnen" zuerkannt wurde, indem ihm ursprünglich auch in allen die österreichischen Staatsbahnen betreffenden, der schließlichen Entscheidung des Ministers aus dem Titel des Hoheitsrechtes vorbehaltenen Angelegenheiten und so insbesondere auch bezüglich der Regelung des Tarifwesens die absoluteste Initiative gewahrt worden war.

Auch der Umstand, daß in dem Organisationsstatute vom Jahre 1884 ausdrücklich die Bestimmung getroffen worden war, daß eine fachliche Beaufsichtigung der Staatseisenbahnverwaltung durch andere Staatsorgane nicht stattzufinden habe, hatte die Generalinspektion in der ihr gesetzlich obliegenden Aufsicht über die Handhabung der Sicherheit und Ordnung des Bahnbetriebes auch auf den damaligen

Staatsbahnlinien in keiner Weise zu beirren; sie war nur verpflichtet, wegen der Abhilfe ihrerseits wahrgenommener Anstände zunächst mit den betreffenden Betriebsdirektionen unter gleichzeitiger Anzeige an die Generaldirektion das Einvernehmen zu pflegen, und erst, wenn die Abhilfe nicht erfolgte, den Gegenstand dem Handelsministerium zur Kenntnis zu bringen.

Als im Jahre 1896 die Eingliederung der obersten Verwaltung der Staatseisenbahnen in das damals neu errichtete Eisenbahnministerium selbst statthatte, wurde gleichfalls an der Fortdauer der Verpflichtung der Generalinspektion zur selbständigen Überwachung der Sicherheit und Ordnung des Betriebes auch auf den im Staatsbetriebe befindlichen Eisenbahnlinien in der Erwägung nicht das geringste geändert, daß es für die breite Öffentlichkeit in hohem Grade erwünscht sein müsse, zu wissen, daß auch im Bereiche der nun vom Eisenbahnministerium selbst geleiteten Staatseisenbahnverwaltung doch noch eine eigene selbständige Dienststelle damit betraut sei, mit amtlicher Autorität ihr Augenmerk lediglich auf die Sicherheit und Ordnung des Bahnbetriebes zu richten und durch ihre ständige diesfällige Überwachungstätigkeit der Allgemeinheit die Gewähr dafür zu bieten, daß auch beim Betriebe der Staatseisenbahnen, ungeachtet bei demselben infolge oftmaliger Beschränktheit der budgetär zur Verfügung stehenden Mittel gleichfalls ökonomische Rücksichten nicht selten eine bedeutende Rolle spielen, doch jene Grenzen nicht unterschritten werden, die hinsichtlich der Regelmäßigkeit, Ordnung und Sicherheit des Betriebes eingehalten werden müssen, wenn das diese Bahnen benützende Publikum vor den größeren Gefahren des Eisenbahntransportes ausreichend geschützt sein soll.

Ja, es wurden bei diesem Anlasse sogar der Generalinspektion eine Reihe anderer ihr im Laufe der Zeiten noch übertragener Arbeiten wieder abgenommen, um sie voll und ganz dem so wichtigen Aufsichtsdienste, für den sie geschaffen worden war, zurückzugeben.

Erst nach dem Zusammenbruche des Kaiserstaates kam man, nachdem schon in den letzten Jahren seines Bestandes infolge verfehlter organisatorischer Maßnahmen die Bedeutung der Überwachungstätigkeit der Generalinspektion einige Einbuße erlitten hatte, dahin, dieselbe ab 1. Jänner 1920 als selbständige Behörde ganz aufzulassen und gesetzlich zu verfügen, daß alle bis dahin zum Wirkungskreise der Generalinspektion gehörig gewesenen Obliegenheiten fortab vom Staatsamte für Verkehrswesen selbst zu besorgen sind.

Einen sprechenden Beleg für die Mentalität der Männer, die die Leitung des Eisenbahnwesens zu jener Zeit in ihren Händen hielten, in welcher die organisierten Personalvertretungen einen mächtigen Einfluß auf den ganzen dienstlichen Gedankengang bei der Staatsbahnverwaltung sich zu verschaffen wußten und bekanntlich das Wort: „Die Eisenbahn den Eisenbahnern“ geprägt worden war, bildete die Art und Weise, wie dieser Aufsichtsdienst sodann in dem genannten Staatsamte organisch geregelt wurde.

Es wurde nämlich in demselben ein eigenes Departement nur zum Zwecke der Überwachung der Einhaltung aller in sachlicher und persönlicher Hinsicht gesetzlich und aufsichtsbehördlich angeordneten Maßnahmen zum Schutze der Bediensteten errichtet und wurde auf die Bestellung der in diesem Departement zu verwendenden Beamten und auf deren Aufsichtstätigkeit dem Zentralausschusse der Personalvertretungen bei den Staatseisenbahnen ein maßgebender Einfluß eingeräumt.

Dagegen wurde die Aufsicht über die Ordnung und Sicherheit des Bahnbetriebes im übrigen einfach in den Wirkungskreis der fachlich zuständigen Departements des Staatsamtes einbezogen.

Da sonach die auch weiterhin noch speziell mit dieser Aufsicht befaßten Beamten fortab zum Personalstande derjenigen Departements des Staatsamtes für Verkehrswesen gehörten, die für die Betriebführung auf den Staatseisenbahnen alle fachlichen Anordnungen in oberster Linie zu treffen hatten, verlor nunmehr die staatliche Betriebsoberaufsicht auf den Linien des Staateisenbahnnetzes ihre wesentliche Bedeutung, die bis dahin durch die volle Unabhängigkeit der staatlichen Aufsichtsorgane von den an der Ausführung des Betriebes beteiligten Organen begründet war.

Es trat also durch diese Art der Organisierung des staatlichen Oberaufsichtsdienstes im Staatsamte für Verkehrswesen in jenen Tagen die doch mindestens nicht geringer zu wertende Notwendigkeit der Sicherung des die Eisenbahnen benützenden Publikums gegen die besonderen Gefahren des Eisenbahnbetriebes, wofür die Generalinspektion seinerzeit in erster Linie errichtet worden war, gegenüber den Vorkehrungen zum Schutze der Eisenbahnbediensteten selbst vollständig in den Hintergrund.

Diese Mentalität wirkte zwar bis in die jüngste Zeit insoferne noch nach, als bei der Errichtung einer besonderen Sektion für die staatshoheitlichen und aufsichtsbehördlichen Angelegenheiten des Verkehrswesens im Bundesministerium für Handel und Verkehr eine besondere Gruppe abermals nur für die Überwachung der Einhaltung der Maßnahmen zum Schutze der Eisenbahnbediensteten gebildet und dieselbe der Abteilung für Personalangelegenheiten in dieser Sektion angegliedert worden war.

Trotzdem kann heute wohl mit Beruhigung erklärt werden, daß die Zeit einer so parteimäßig einseitigen Einschätzung der Aufgaben des Eisenbahnverkehrswesens nur eine vorübergehende, heute bereits überholte Episode bildete und daß gegenwärtig allgemein wieder und so insbesondere auch bei dem gesamten im Eisenbahndienste verwendeten Personale selbst die klare Erkenntnis vorwaltet, daß die vom Staate den Eisenbahnen gegenüber pflichtmäßig zur Handhabung der Ordnung und Sicherheit des Bahnbetriebes zu pflegende Oberaufsicht sich gleichmäßig nach allen Richtungen hin und daher ebenso zugunsten des die Eisenbahnen benützenden Publikums wie zugunsten des Eisenbahnbetriebspersonales zu betätigen hat und daß letzteres, wenn es trotz der Handhabung weitestgehender Sicherheitsvorkehrungen doch bei seiner Dienstausübung einer erhöhten Gefahr für Leib und Leben ausgesetzt ist, dieselbe, als mit seinem Berufe unzertrennlich verbunden, ebenso zu tragen hat, wie der Soldat die besonderen Gefahren seines Standes.

Gegenwärtig wurde in vollkommen korrekter Weise im § 16 des Bundesbahngesetzes zunächst dem allgemeinen Grundsatze Ausdruck gegeben, daß die Unternehmung „Österreichische Bundesbahnen“ dem staatlichen Hoheits- und Aufsichtsrechte über die Eisenbahnen unterliege und wurde dann in einer allerdings an die eben besprochene Mentalität noch leise anklingenden textlichen Fassung beigefügt, daß insbesondere dem Bundesministerium für Handel und Verkehr auch weiterhin die Überwachung der gesetzlich und aufsichtsbehördlich angeordneten Maßnahmen zum Schutze der Bediensteten und zur Wahrung der Sicherheit des Verkehrs obliege.

Als gänzlich verfehlt, weil mit dieser grundsätzlichen Anerkennung der staatlichen Überwachungspflicht in unvereinbarem Widerspruche stehend, muß dagegen die weitere, dieser Anerkennung unmittelbar beigefügte Anordnung des Bundesbahngesetzes erkannt werden, daß hinsichtlich des Bauzustandes und des Betriebes der österreichischen Bundesbahnen eine ständige Kontrolle durch die Hoheitsverwaltung nicht stattzufinden habe.

Es kann keinem Zweifel unterliegen, daß die Bundesregierung gemäß der von ihr selbst im Bundesbahngesetze grundsätzlich anerkannten Verpflichtung zur obersten staatlichen Überwachung der Ordnung und Sicherheit des Eisenbahnbetriebes dafür zu sorgen hat, daß diese Überwachung auch eine tatsächlich wirksame sei und daß sie hiefür der von ihr diesfalls zu schützenden Öffentlichkeit gegenüber die Verantwortung zu tragen hat. Sie kann sich dieser Verantwortlichkeit in keiner Weise entschlagen und kann daher auch ihre Überwachungspflicht auf niemand anderen und am allerwenigsten auf die leitenden Organe einer der Eisenbahnunternehmungen übertragen, deren Betrieb eben mit den Gegenstand staatlicher Überwachung zu bilden hat. Daran kann auch die Tatsache nichts ändern, daß speziell die Unternehmung „Österreichische Bundesbahnen“ noch fortdauernd in engeren finanziellen Beziehungen zum Bundesstaate sich befindet.

Nicht minder verfehlt erscheint von eben demselben Gesichtspunkte aus auch die fernere Bestimmung des § 16 des Bundesbahngesetzes, nach welcher für Zwecke der nach den bestehenden, auch für die Bundesbahnen geltenden Vorschriften erforderlichen besonderen Bewilligung für bauliche Herstellungen und Entwürfe welcher Art immer sowie für Betriebsmittel eine fachtechnische Prüfung vor der Erteilung der Benützungsbewilligung durch das Bundesministerium für Handel und Verkehr nicht zu erfolgen habe, soferne die Entwürfe von hiezu durch den Bundesminister für Handel und Verkehr autorisierten Fachorganen der Unternehmung unter Berufung auf diese Autorisation gutgeheißen wurden und vor der Erteilung der Benützungsbewilligung die den einschlägigen gesetzlichen Bestimmungen und sonstigen Vorschriften entsprechende Ausführung der Entwürfe von solchen Organen bestätigt wird.

Bei der ungeheuren Wichtigkeit, die den im Zuge des Bahnkörpers selbst oder unmittelbar an demselben vorzunehmenden Bauführungen sowie auch der Ausführung der Fahrbetriebsmittel für die Sicherheit des Bahnbetriebes innewohnt, war man früher stets darauf bedacht gewesen, daß die eben wegen dieser Wichtigkeit gesetzlich auseinandergelegten Kompetenzen einerseits für die Bau- und Benützungsbewilligungen mit der deren notwendige Voraussetzung bildenden Bauaufsicht und anderseits für die Ausführung der betreffenden Bauherstellungen auch bei der Durchführung wirklich strenge auseinandergehalten werden. Es wurde daher insbesondere im Interesse der Sicherstellung der notwendigen Unbefangenheit der diesfälligen Überwachung stets als ausgeschlossen betrachtet, mit der fraglichen Bauaufsicht Fachorgane zu betrauen, die zu den bauausführenden Organen in einem engeren Dienstverhältnisse stehen.

Es müßte als bedenklich betrachtet werden, wenn von diesem durch Erfahrungen geheiligten Grundsatze für die Folge abgegangen oder an demselben auch nur gerüttelt werden wollte und es sollte daher die offenbar aus Rücksichten einer wünschenswerten Geschäftsvereinfachung im Bundesbahngesetze vorgesehene und seither auch schon in einer Durchführungsverordnung detailliert geregelte Autorisation von technischen Fachorganen der Unternehmung „Österreichische Bundesbahnen“ zur selbständigen Vornahme der vorbesprochenen Baubewilligungs- und Bauaufsichtsarbeiten, so, wie es auch vordem der Fall war, wegen der hiebei im Auge zu behaltenden wichtigeren Rücksichten grundsätzlich nur auf die Ausführung von für die Betriebssicherheit weniger in Betracht kommenden Nebenbauten eingeschränkt bleiben.

War die der Regierung selbständig obliegende Überwachungspflicht in all’ den Jahrzehnten nie angezweifelt worden, in welchen der Betrieb der Staatseisenbahnen in staatlicher Regie von Organen der Staatsverwaltung selbst besorgt wurde, so gewinnt der Bestand einer solchen staatlichen Oberaufsicht unter den gegenwärtigen Verhältnissen sogar eine erhöhte Bedeutung wieder infolge der jetzt vollzogenen Lostrennung der Betriebsverwaltung der Bundesbahnen von der dem Ministerium verbliebenen Hoheitsverwaltung und der Ausgestaltung der ersteren zu einer weitgehend nach kaufmännischen Gesichtspunkten organisierten selbständigen Unternehmung, zumal letztere gleich in ihren ersten Enunziationen nach ihrer Konstituierung der Öffentlichkeit gegenüber darauf hinweisen zu müssen sich verpflichtet fühlte, daß sie, um der ihr im Interesse der finanziellen Sanierung des Bundesstaates gesteckten dringendsten Aufgabe einer möglichst raschen Beseitigung des auf den Bundesbahnen lastenden großen Defizites gerecht zu werden, sich bei ihrer Betriebführung zunächst vornehmlich von ökonomischen Rücksichten werde leiten lassen müssen und daß das Publikum daher, namentlich in der ersten Zeit, sich manche ihm unbequem erscheinende Einschränkungen werde gefallen lassen müssen.

Daß gerade in Zeiten, in welchen, wenn auch notgedrungen, die Rücksicht auf die möglichste Ökonomie einen Hauptgesichtspunkt beim Betriebe einer Eisenbahn abgibt, die dem Staate obliegende selbständige Verpflichtung, über die Aufrechterhaltung der Ordnung und Sicherheit des Bahnbetriebes zu wachen, eine besonders ernst zu nehmende, heikle Aufgabe bildet, beweist aufs neue das vor nicht langer Zeit vorgefallene große Eisenbahnunglück bei Bellinzona.

In den eingehenden Debatten, die über diesen schweren Unfall und über die aus demselben zu ziehenden Lehren in den kompetenten öffentlichen Vertretungskörpern der Schweiz stattfanden, bildete die Frage, ob die schweizerische Bahnverwaltung nicht allzusehr auf die Wirtschaftlichkeit zum Nachteile der Betriebssicherheit bedacht gewesen sei und ob nicht eine zu weit getriebene Ökonomie derselben zu den katastrophalen Folgen des Unfalles mit beigetragen habe, den Gegenstand ernstester Erörterung.

Auch bei dem erst in letzter Zeit, in der Nacht auf den 26. Februar d. J., in der St. Pöltener Werkstätte ausgebrochenen großen Brande, durch den den österreichischen Bundesbahnen ein so bedeutender Kapitalschaden zugefügt wurde, scheinen, nach den hierüber in den Tagesblättern gebrachten Nachrichten, aus ökonomischen Rücksichten getroffene einschränkende Betriebsmaßnahmen keine unwesentliche Rolle gespielt zu haben.

Der Vorbehalt, den sich die Bundesregierung noch durch eine weitere Bestimmung des § 16 des Bundesbahngesetzes dahin wahrte, daß der Bundesminister für Handel und Verkehr sich über die Einhaltung der gesetzlichen und aufsichtsbehördlichen Vorschriften fallweise durch seine Organe vergewissern, bei Wahrnehmung von Vorschriftswidrigkeiten die zu deren Abstellung erforderlichen Maßnahmen verfügen und insbesondere auch die Abberufung der schuldtragenden Mitglieder des Vorstandes verlangen könne, kann auch nicht entfernt als ein nur halbwegs ausreichender Ersatz für die Unterlassung der Einrichtung einer ständigen staatlichen Kontrolle bezüglich der Sicherheit und Ordnung des Eisenbahnbetriebes überhaupt und insonderheit auch des Bundesbahnbetriebes gewertet werden.

Abgesehen davon, daß doch kaum anzunehmen ist, daß von der obersten Leitung der Bundesbahnen selbst ein so grober Verstoß gegen die Betriebssicherheit auf den Linien der Bundesbahnen begangen werde, daß sogar die Abberufung von Mitgliedern ihres eigenen Vorstandes in Frage kommen könnte, kann man wohl nach allen in solchen Dingen bisher gemachten Erfahrungen es als völlig gewiß annehmen, daß bei der Fülle der von der Verkehrssektion des Bundesministeriums sonst noch intern zu leistenden Arbeit die gesetzliche Inaussichtnahme einer bloß fallweisen Beaufsichtigung des Bahnbetriebes durch gewöhnlich mit anderen Arbeiten befaßte und mit denselben vollbeschäftigte staatliche Fachorgane das Schicksal haben dürfte, größtenteils lediglich am Papier haften zu bleiben.

Solche Organe würden aber, was die Hauptsache ist, gar nicht die Möglichkeit besitzen, bei bloß fallweiser Befahrung der Bundesbahnstrecken eine der Erhöhung der Betriebssicherheit auf diesen Linien wirklich förderliche intensivere Überwachungstätigkeit zu entfalten.

Gebrechen, die sich zu betriebsgefährlichen Zuständen entwickeln können, schon in ihren ersten, oft kleinen Anfängen wahrzunehmen, ihren Ursachen nachzugehen und für ihre Behebung noch rechtzeitig, bevor sie in oft verhängnisvoller Weise für die Außenwelt in die Erscheinung treten, Sorge zu tragen, vermögen nur eigens hiezu berufene Fachorgane, welche zu solchem Zwecke die einzelnen Bahnstrecken, so wie es die Pflicht der Kommissäre der bestandenen Generalinspektion war, ständig zu bereisen haben.

Ganz bedeutende Hindernisse werden sich überdies noch der wirksamen Ausübung einer bloß fallweise gedachten Beaufsichtigung des Bundesbahnbetriebes durch Organe der Hoheitsverwaltung schon sehr bald, u. zw. in einer von Jahr zu Jahr steigenden Intensität durch die Ausführung der die Dienststellung des Bundesbahnpersonales berührenden Bestimmungen des Bundesbahngesetzes und Statutes entgegenstellen, worüber noch am Schlusse dieser Studie des näheren zu sprechen sein wird.

Es wäre durchaus verfehlt, in einer wirksamen Betätigung einer solchen staatlicherseits ständig gehandhabten Oberaufsicht etwa einen Eingriff in die Leitung der nunmehr selbständig gestellten Unternehmung „Österreichische Bundesbahnen" erblicken zu wollen, wie ja auch unter ähnlichen Verhältnissen im Jahre 1884 durch die Weiterbelassung der Überwachungstätigkeit der Generalinspektion der österreichischen Eisenbahnen ein Eingriff in die Wirkungssphäre des damaligen mächtigen Präsidenten der neuerrichteten Generaldirektion der österreichischen Staatsbahnen weder statt hatte noch gefürchtet wurde.

Wie es auch damals der Fall war, kann die unentwegt der Ordnung und Sicherheit des Bahnbetriebes zugewendete Überwachungstätigkeit der hiezu von der Regierung eigens bestellten Organe, wenn ebenso wie im Jahre 1884 ihr Vorgehen bei wahrgenommenen Anständen dem neugeschaffenen Dienstorganismus richtig angepaßt wird, den leitenden Funktionären der Unternehmung „Österreichische Bundesbahnen“ nur ein Moment erhöhter Beruhigung abgeben, so daß sich dieselben um so freier mit voller Kraft den großen und schwierigen, zum Nutzen des von ihnen geleiteten Unternehmens zu lösenden Verwaltungsaufgaben widmen können.

In neuerer Zeit machte sich mehrfach die Auffassung geltend, daß die im ehemaligen österreichischen Kaiserstaate in Absicht auf die staatliche Beeinflussung des Eisenbahnbetriebes in Geltung gestandene Vorgangsweise, die, auf dem in diesem Staate großgezogenen bureaukratischen Systeme fußend, sich hauptsächlich in der Hinausgabe genauester, bis ins Detail gehender amtlicher Vorschriften für den Bahnbetrieb, in der strengen Überwachung ihrer Einhaltung und in der disziplinären Ahndung ihrer Außerachtlassung durch staatliche Organe auslebte, heute durch die weitaus richtigere und zweckentsprechendere, modernen Anschauungen Rechnung tragende Forderung nach einer kaufmännischen Geschäftsführung beim Eisenbahnbetriebe überholt sei, deren Aufgabe in der Verantwortlichmachung bestimmter Personen für die verschiedenen Kategorien der in Betracht kommenden Diensthandlungen und in der dienstlichen Beurteilung und Behandlung dieser Personen nach den ihrer Verantwortlichkeit entsprechenden Leistungen durch eine ihnen übergeordnete, den ganzen Dienst selbständig leitende Persönlichkeit zu erblicken sei. Ja man ging so weit, die Forderung nach einer staatlichen Beaufsichtigung des Eisenbahnbetriebes als einen noch aus dem alten Polizeistaate stammenden und zur lieben Gewohnheit gewordenen, aber heute nicht mehr gerechtfertigten Ruf nach der Polizei hinzustellen.

Eine solche Auffassung, die zum Teile auch in dem Acworth'schen Gutachten Vertretung gefunden hat, kann jedoch, soweit es sich um die Frage der Ersprießlichkeit, ja Unerläßlichkeit einer lediglich der Sicherheit und der Ordnung des Bahnbetriebes zugewendeten Überwachungstätigkeit einer staatlicherseits aufgestellten Eisenbahnaufsichtsbehörde handelt, wie eine solche die ehemalige Generalinspektion der österreichischen Eisenbahnen war, nicht unwidersprochen gelassen werden.

Es mag ohneweiters zugegeben werden, daß die Verantwortlichkeiten der einzelnen höheren und niederen Dienstorgane der Bundesbahnverwaltung, deren Regelung eine rein interne Dienstangelegenheit der letzteren zu bilden hat, Hand in Hand mit der möglichsten Selbständigstellung dieser Organe hinsichtlich der ihnen übertragenen Dienstausübung derart in kaufmännischem Geiste festgelegt werden, wie es im Acworth'schen Gutachten als richtig gekennzeichnet wurde. Nicht minder mag auch die dienstliche Beurteilung und Behandlung dieser Organe je nach ihren Leistungen in erster Linie dem internen Dienstwege der Bundesbahnverwaltung selbst vorbehalten bleiben.

Eine im obgedachten Sinne zur Überwachung der Betriebssicherheit staatlicherseits aufgestellte Eisenbahnaufsichtsbehörde wird ihre Überwachungstätigkeit auf der Grundlage der diesfalls intern geregelten Dienstverhältnisse der Bundesbahnverwaltung und in genauer Übereinstimmung mit denselben einzurichten und auszuüben haben; sie wird aber ihre Tätigkeit einer wesentlich weitergreifenden Aufgabe, als eine solche die bloße Überwachung und Verfolgung der persönlichen Verantwortlichkeit der einzelnen Dienstorgane bildet, in sachlicher Richtung zuzuwenden haben.

Die nachträgliche Feststellung und in manchen Fällen gar nicht realisierbare Geltendmachung der einzelnen Verantwortlichkeiten bei vorfallenden Betriebsunfällen trifft nämlich, so wichtig und unerläßlich dieselbe schon wegen ihrer Wirkung für die Zukunft auch ist, doch nicht den für die Wahrung der Interessen der Allgemeinheit in erster Linie ausschlaggebenden Gesichtspunkt.

Der einzelne vermag auch bei Anwendung der größten eigenen Vorsicht nur in den allerseltensten Fällen sich gegen seine Verunglückung bei Zufällen im Eisenbahnverkehr selbst zu schützen. Er muß vielmehr den Betrieb der Eisenbahnen bei deren Benützung mit samt seinen Gefahren hinnehmen, wie er ihm geboten wird.

Darum ist das, worauf es der auf die Benützung des Eisenbahnverkehrs angewiesenen Bevölkerung vor allem ankommt und ankommen muß, darin zu erblicken, daß sich auf Grund der diesfalls gewonnenen Erfahrungen allgemein das beruhigende Bewußtsein einstelle und festsetze, daß der ihr durch staatliche Autorisation zur Verfügung gestellte, groß angelegte Betriebsapparat der heimischen Eisenbahnen mit einer so hochwertigen Sicherheit funktioniere, daß Unfälle auf diesem Gebiete — ganz werden sich Zufälligkeiten wie bei allen menschlichen Werken nie ausschließen lassen — nur zu den großen Seltenheiten zählen.

Um einen solchen erwünschten, der allgemeinen Beruhigung dienenden Zustand herbeizuführen und sicherzustellen, bedarf es eines fortgesetzten, emsigen fachlichen Zusammenwirkens der ihrer Pflichten bewußten Eisenbahnverwaltungen mit der vermöge ihres Oberhoheitsrechtes zur obersten Beaufsichtigung derselben berufenen Staatsgewalt.

Dieser Aufgabe wesentlich präventiver Natur wird eine von der Regierung eigens zu solchem Zwecke aufgestellte Eisenbahnaufsichtsbehörde in erster Linie zu dienen berufen sein, was nicht ausschließt, daß sie durch ihre unbefangene Mitwirkung bei der Klarstellung oft tieferliegender Ursachen vorgefallener Betriebsstörungen der Öffentlichkeit und auch den Gerichten bei den von letzteren nach Unfällen zu pflegenden Erhebungen noch weitere nützliche Dienste zu leisten vermag.

Die bestandene Generalinspektion der österreichischen Eisenbahnen, die solche Aufgaben zu erfüllen hatte, war eine gute Institution, die auch durch die vielen Jahrzehnte, in welchen der Kaiserstaat während der konstitutionellen Ära über den alten Polizeistaat längst hinausgewachsen war, eine der Allgemeinheit in hohem Grade nützliche, segensreiche fachliche Arbeit leistete. Es wäre zu wünschen, daß eine solche Institution bei dem auch heute noch für die Allgemeinheit bestehenden, in keiner Weise verminderten Bedürfnisse nach einer unabhängigen staatlichen Beaufsichtigung des Eisenbahnbetriebes zur Wahrung der Ordnung und Sicherheit desselben je eher desto besser wieder ins Leben gerufen werde.

Gleich in der ersten Zeit nach dem Inslebentreten der neuen Dienstorganisation waren auch auf den Linien der österreichischen Bundesbahnen zahlreichere Betriebsunfälle zu beklagen, deren Ursache von vielen, anscheinend nicht ohne Grund, großenteils auf die durch die tiefgreifenden Neuerungen in der Dienstorganisation der Bundesbahnen auch in den exekutiven Betriebsdienst hinausgetragene Unruhe sowie insbesondere auf die durch einen zu raschen, auf die Sonderbedürfnisse des Eisenbahnbetriebes zu wenig Rücksicht nehmenden Abbau von altgeschulten und diensterfahrenen Kräften verursachte durchschnittliche Verschlechterung der fachlichen Qualität des in diesem Dienste verwendeten Personals sowie auch auf die eingetretene Überanstrengung dieses Personals zurückgeführt werden wollte.

Die Wiedereinführung einer ständigen, wirksamen staatlichen Oberaufsicht über den Bahnbetrieb in allen seinen Zweigen dürfte auch für die Bundesregierung den erwünschten Vorteil mit sich bringen, daß sie durch ihre eigenen Organe einen von der Betriebsverwaltung unabhängigen Einblick in die Ursachen vorfallender Betriebsunfälle sowie in die Tragweite der von ihr selbst auf diesem wichtigen Gebiete in verantwortlicher Weise zu treffenden Maßnahmen zu gewinnen vermag.

Auch in letzterer Zeit mehrten sich wieder in einer öffentlich beklagten Weise die Betriebsunfälle auf den Linien der österreichischen Bundesbahnen.

Unter keinen Umständen sollte daher mit der Wiedereinführung dieser effektiven Staatsoberaufsicht so lange gewartet werden, bis etwa eine weitere bedenkliche Häufung von Betriebsunfällen der Öffentlichkeit zum Bewußtsein bringe, daß in diesem für sie hochwichtigen Punkte seitens der Bundesregierung denn doch nicht alles, was nötig war, vorgekehrt wurde, daß vielmehr in dieser Richtung in der Neuorganisation der Bundesbahnverwaltung eine bedauerliche Lücke verblieben ist.

Bei der Gesamtausdehnung von rund 6000 Kilometern, die das der österreichischen Republik verbliebene Eisenbahnnetz aufweist, würde zur Wiedererrichtung einer solchen effektiven Staatsoberaufsicht die Aufstellung von nur wenigen staatlichen Überwachungskommissären genügen. Der geringe hiefür erforderte Aufwand würde, wenn er nicht durch andere damit zusammenhängende Personalersparungen überhaupt ganz wettgemacht werden könnte, jedenfalls durch den der Allgemeinheit durch diese Maßnahme erwachsenden großen Nutzen weit überwogen werden.

Durch die Wiedererrichtung einer solchen staatlichen Aufsichtsbehörde, die, wenn auch nur mit wenigen, so doch besonders tüchtigen Fachkräften besetzt werden müßte, wäre sodann, wie noch bemerkt werden soll, auch für die befürwortete Wiedereinrichtung einer selbständigen staatlichen Aufsicht über die Bauführungen auf Eisenbahnen und für die einschlägigen Bewilligungsarbeiten das nötige unabhängige Staatsorgan wieder gegeben.

6. Die im Bundesbahngesetze vorgesehenen Inkompatibilitätsbestimmungen. Zu denjenigen Übelständen, die im alten österreichischen Kaiserstaate einer in wünschenswerter Weise auf die Förderung des allgemeinen Wirtschaftslebens bedachten Führung des staatlichen Eisenbahnwesens am hinderlichsten im Wege standen, zählte unstreitig das Übermaß an politischen Einflüssen, welchen speziell der staatliche Eisenbahnverwaltungsdienst im starken Unterschiede zu den Dienstverhältnissen bei anderen, gemäß ihrer Aufgabe ihm teilweise sogar verwandten staatlichen Betrieben in einem bis zum Zusammenbruche des Reiches stets wachsenden Umfange ausgesetzt war.

Die auffallende Tatsache, daß gerade auf dem Gebiete des staatlichen Eisenbahnwesens sich solche politische Einflüsse allgemach bis zu einer jeden gesunden Fortschritt hemmenden Stärke zu entwickeln und festzusetzen vermochten, ist auf mehrfache Ursachen zurückzuführen.

Erstlich waren schon vom Beginne der Wiederaufnahme des Staatseisenbahnsystems im Anfange der Achtzigerjahre an zur obersten Leitung des Staatseisenbahndienstes nicht, wie bei jenen anderen Betrieben, in diesem Berufszweige selbst ausgebildete und emporgewachsene, sich nur ihrem Dienste widmende Fachbeamte, sondern Persönlichkeiten berufen worden, die bis dahin hauptsächlich politischen Kreisen angehörten oder doch nahestanden und nach Übernahme jener Leitung, weit entfernt ihre Beziehungen zu den parlamentarischen Kreisen abzubrechen, im Gegenteil das emsige Bestreben hatten, diese Beziehungen weiter sorgfältig zu pflegen, die daher den ihnen von politischer Seite zugekommenen, das Eisenbahnwesen betreffenden Anliegen stets das größtmöglichste Entgegenkommen angedeihen ließen.

Waren die politischen Parteien durch ein solches Verhalten der in oberster Linie den Staatseisenbahndienst leitenden Regierungsorgane schon durch mehr als ein Dezennium an eine stets weitgehende Berücksichtigung aller von ihnen auf diesem wichtigen Wirtschaftsgebiete vorgebrachten Wünsche gewöhnt worden, so wurde denselben die Verfechtung und Durchsetzung ihrer diesfälligen Begehrlichkeiten noch um ein Bedeutendes erleichtert, als im Jahre 1896 durch die Errichtung eines selbständigen Eisenbahnministeriums die gesamte oberste Verwaltung des staatlichen Eisenbahnbetriebes unmittelbar in die Hände des dem Parlamente verantwortlichen Eisenbahnministers gelegt war.

Nunmehr war den politischen und namentlich den radikaleren nationalen Parteien die Möglichkeit geboten, mit Hilfe der mannigfaltigen, ihnen im parlamentarischen Kampfe zu Gebote gestandenen Pressionsmittel insbesondere auf die Verwirklichung des wichtigsten, von ihnen auf diesem Gebiete konsequent verfolgten Zieles hinzuarbeiten, welches dahin ging, die Regierung zu vermögen, daß sie die gesamte Organisation des staatlichen Eisenbahnverwaltungsdienstes ihren nationalen Absonderungs- und Selbständigkeitsbestrebungen anpasse.

Sie konnten umsomehr hoffen, mit diesen ihren Plänen allgemach durchzudringen, als die Regierungen nun nicht mehr so, wie dies in früheren Zeiten der Fall war, sich bei ihrer Abwehrtätigkeit auf eine unter allen Umständen sichere, kompakte Parlamentsmajorität zu stützen vermochten, sondern vielmehr darauf angewiesen waren, sich von Fall zu Fall oft nur mühsam und unter weitgehenden politischen Zugeständnissen, für sogenannte Staatsnotwendigkeiten die Majorität in dem nach den verschiedensten Parteirichtungen zerklüfteten Abgeordnetenhause zu suchen.

Den größten, allgemein schwer empfundenen Druck vermochte jedoch eine solche fortgesetzte politische Einflußnahme auf die Führung der Geschäfte der Staatseisenbahnverwaltung auszuüben, als die einzelnen Regierungen in den letzten Dezennien des Bestandes des Kaiserstaates, dem Drängen der großen politischen Parteien nachgebend, sich sogar herbeiließen, auch den der Staatseisenbahnverwaltung statutarisch als reiner wirtschaftlicher Interessentenbeirat an die Seite gestellten Staatseisenbahnrat bei dessen periodischen Erneuerungen nach je fünf Jahren immer stärker mit politischen Persönlichkeiten zu durchsetzen.

Es kam auf diese Weise schließlich dahin, daß auch in die Beratungen dieser Körperschaft rein wirtschaftlicher Natur, die nach ihrer statutarischen Bestimmung von der Regierung geplante allgemeine Verkehrsmaßnahmen lediglich vom Standpunkte der wirtschaftlichen Bedürfnisse des Geschäftslebens zu begutachten berufen war, immer häufiger politische Kämpfe hineingetragen wurden, so daß viele auf dem Gebiete des Eisenbahnwesens aufgetretene wichtige Fragen, anstatt nach rein wirtschaftlichen Gesichtspunkten beurteilt und entschieden zu werden, zum Nachteile der Sache schon ab ovo ihrer Beratung ins politische Fahrwasser abgedrängt wurden und ihrer Regelung, wie es damals genannt wurde, von vorneherein „der Stempel eines Politikums“ aufgedrückt wurde.

Durch die Auflösung des alten Kaiserstaates in eine Reihe selbständiger Sukzessionsstaaten und das durch dieselbe bewirkte Ende des leidigen nationalpolitischen Haders ist nun wohl das schwerste politische Hindernis, das bis dahin einer glatten fachgemäßen

Geschäftsführung im Dienstbereiche der österreichischen Staatsbahnen im Wege stand, für die Zukunft ein für allemal in Wegfall gekommen.

Immerhin kann aber auch heute noch die Möglichkeit nicht als ausgeschlossen betrachtet werden, daß nach anderen Richtungen hin, so insbesondere im Hinblicke auf etwaige divergierende Interessen des Bundes und der einzelnen Bundesländer oder auf tiefergreifende parteimäßige Gegensätze auch künftig noch Bestrebungen sich geltend machen, um auf den Betrieb und die Verwaltung der Bundesbahnen einen größeren politischen Druck auszuüben.

Es war angesichts des Fortbestehens solcher Möglichkeiten und der traurigen in dieser Hinsicht ehedem gemachten Erfahrungen begreiflich, daß gelegentlich der letzten Neuorganisation der Bundesbahnverwaltung allgemein dem dringenden Wunsche Ausdruck gegeben wurde, es mögen ausreichende organisatorische Vorkehrungen getroffen werden, um die Wiederkehr ähnlicher, höchst ungesunder, eine geordnete Verwaltung geradezu lähmender Zustände, wie sie auf dem Gebiete des Eisenbahnverkehrswesens im alten Kaiserstaate infolge des Übermaßes an politischen Einflüssen bestanden haben, beim Bundesbahnbetriebe künftig unmöglich zu machen.

Gegenwärtig kann nun wohl gesagt werden, daß dieses Ziel allein schon durch die Ausführung der beiden der Neuorganisation der Bundesbahnen zugrunde gelegten Hauptgrundsätze der Trennung der Betriebsverwaltung von der Hoheitsverwaltung und der Bildung eines selbständigen, einen eigenen Haushalt führenden Wirtschaftskörpers für die erstere der Hauptsache nach erreicht ist, ja daß durch diese Maßnahmen die Verwaltung der Bundesbahnen für die Zukunft sogar noch um vieles freier und selbständiger gestellt ist, als dies bei jenen anderen bereits erwähnten Staatsbetrieben der Fall ist, die sich aber trotz ihrer noch fortdauernden Eingliederung in den allgemeinen staatlichen Verwaltungsapparat bisher über eine ungebührliche Beeinflussung ihres Wirkens durch politische Parteien und Persönlichkeiten weit weniger zu beklagen haben.

Es wird sich, um auch beim Betriebe der Bundesbahnen einen ähnlichen befriedigenden Zustand zu erreichen, wesentlich nur darum handeln, für die oberste Leitung des Dienstes bei denselben fachlich hochqualifizierte und politisch unabhängige, sich berufsmäßig nur ihrem eigenen Dienste widmende Männer zu gewinnen und dieselben sodann regierungsseitig in ihrer selbständigen Dienststellung kräftigst zu unterstützen.

Die Bundesregierung glaubte aber noch ein übriges tun zu müssen, um eine von politischen Einflüssen möglichst unabhängige Dienstführung bei den Bundesbahnen schon im Gesetzgebungswege zu sichern.

Sie nahm zu diesem Zwecke in den von ihr dem Nationalrate über die Reform der Bundesbahnverwaltung vorgelegten Gesetzentwurf die Bestimmung auf, daß Personen, die Mitglieder des Nationalrates, Bundesrates oder eines Landtages oder der Bundesregierung oder einer Landesregierung sind oder in den letzten sechs Monaten waren, nicht zu Mitgliedern des Vorstandes der Betriebsunternehmung der österreichischen Bundesbahnen bestellt werden können, weiters daß derartige Personen nicht gleichzeitig mit ihrer vorangeführten Stellung als Mitglied einer legislativen Körperschaft oder der Regierung auch die Funktion eines Mitgliedes der bei der Betriebsverwaltung der Bundesbahnen zur Überwachung des Dienstes zu bestellenden Verwaltungskommission bekleiden können.

Im Bundesbahngesetze wurde auf Grund der im Nationalrate über den diesfälligen Gesetzentwurf gepflogenen Beratung die erstere Bestimmung einigermaßen dahin abgeschwächt, daß die Frist von sechs Monaten, innerhalb welcher die vordem einer der genannten politischen Körperschaften oder der Regierung als Mitglied angehörig gewesenen Personen nicht zu einer Vorstandsstelle bei den Bundesbahnen berufen werden können, fallen gelassen wurde.

Waren die eben erwähnten gesetzlichen Bestimmungen anfänglich in der Öffentlichkeit, als dem allgemein gehegten Wunsche entsprechend, mit Befriedigung begrüßt worden, so gelangte doch die dem Bundesbahngesetze gewidmete fachliche Kritik gar bald zu der Erkenntnis, daß mit diesen Bestimmungen, namentlich in ihrer durch das Bundesbahngesetz getroffenen Abschwächung, das angestrebte Ziel, von der Geschäftsführung bei den Bundesbahnen in sicherer Weise politische Einflüsse fernezuhalten, keineswegs erreicht sei, daß vielmehr im Hinblicke auf die im Bundesbahngesetze der Regierung in wichtigen Dienstbeziehungen und namentlich auch in Ansehung der Auswahl und der Beibehaltung der obersten leitenden Organe des Unternehmens vorbehaltenen Rechte nach wie vor die Möglichkeit vorwalte, daß die Geschäftsführung bei den Bundesbahnen, sei es selbständig durch oberste Regierungsorgane, sei es durch einen Druck von politischen Parteien auf letztere, von ihren rein wirtschaftlichen Aufgaben abgedrängt und politischen Zwecken dienstbar gemacht werde.

Um bei der Beurteilung der einschlägigen Verhältnisse nicht vorweg irre zu gehen, muß allerdings das eine unverrückbar im Auge behalten werden, daß der Kampf gegen eine politische Beeinflussung des Bundesbahnbetriebes nicht so weit getrieben werden kann, daß am Ende auch die Einflußnahme angefochten wird, die in vollkommen legitimer Weise speziell der Nationalrat auf Angelegenheiten der Verwaltung der Bundesbahnen verfassungsmäßig zu nehmen berufen erscheint, solange sich die Bundesbahnen im Bundeseigentum befinden und aus dem Betriebe derselben für den Bundeshaushalt Lasten oder Rechte erwachsen.

Der Nationalrat wird vor allem regelmäßig, u. zw. nich bloß in der Periode, in welcher vom Bunde noch ein Betriebszuschuß den Bundesbahnen zu leisten sein wird, sondern dem diesfalls bereits Gesagten zufolge auch über diese Periode hinaus, wenn dieselben bereits einen Reinertrag abzuwerfen in der Lage sein werden, bei seinen Beratungen über das Bundesbudget und über das zu erlassende Finanzgesetz auf Grund der ihm von der Regierung und der staatlichen Rechnungskontrolle erstatteten Vorlagen die Verhältnisse der Bundesbahnverwaltung näher ins Auge zu fassen haben und insbesondere deren Gebarung einer meritorischen Würdigung unterziehen müssen, um sich über die richtige Höhe des vom Bunde zu leistenden Zuschusses bzw. der an denselben zu leistenden Abfuhren die nötige Klarheit zu verschaffen.

Der gleiche Anlaß wird für den Nationalrat auch dann vorliegen, wenn es sich für ihn darum handeln wird, dem Bundesminister für Finanzen im Rahmen des Finanzgesetzes die Ermächtigung zu erteilen, daß für der Unternehmung der Bundesbahnen zu gewährende Kredite die bücherliche Sicherstellung auf das im Eisenbahnbuche verzeichnete unbewegliche Eigentum des Bundes eingeräumt werde.

Der Nationalrat wird sich aber gewiß auch über diese Anlässe hinaus durch die der Unternehmung „Österreichische Bundesbahnen“ durch das Bundesbahngesetz eingeräumte Selbständigkeit nicht davon abhalten lassen, auf Grund des ihm durch Art. 52 des Bundesverfassungsgesetzes zur Überprüfung der Geschäftsgebarung der Regierung auf dem ganzen weiten Gebiete der staatlichen Verwaltung allgemein gewährleisteten Interpellationsrechtes Zustände und Ereignisse im Dienstbereiche der österreichischen Bundesbahnen, welche in starkem Maße die Allgemeinheit interessieren und eine öffentliche Kritik erfordern, bei seinen Beratungen in Erörterung zu ziehen.

Und die dem Nationalrate verantwortliche Bundesregierung wird, ungeachtet jener Selbständigstellung der Bundesbahnverwaltung, nicht umhin können, dem Nationalrate in solchen Fällen in Anbetracht der ihr gegenüber den Bundesbahnen oberhoheitlich obliegenden obersten Überwachungspflicht Rede und Antwort zu stehen.

So geschah es denn bereits, als im Jänner 1924, also nicht lange Zeit nach dem Inslebentreten der neuen Dienstorganisation der österreichischen Bundesbahnen, im Nationalrate eine Anfrage an die Bundesregierung über die durch die außerordentlichen Schneeverhältnisse im Betriebe der Arlbergbahn eingetretenen großen Verkehrsstörungen und über das Ungenügende der zur Behebung dieser Störungen ergriffenen Maßnahmen gerichtet und diese Angelegenheit in Verhandlung gezogen worden war.

Ber Bundesminister für Handel und Verkehr vermochte damals nicht mit Erfolg diese Diskussion durch Berufung auf die Unabhängigkeit des Betriebsunternehmens der Bundesbahnen im Nationalrate abzuschneiden, sondern mußte sich schließlich dazu verstehen, wegen Abstellung der diesfalls gerügten Mängel, sich mit dem obersten Leiter der Bundesbahnverwaltung ins nähere Benehmen zu setzen.

Ein gleiches Vorgehen des Nationalrates wird wohl unbedingt auch in künftigen derartigen Fällen zu gewärtigen sein.

Ungeachtet der vorstehend besprochenen, im Bundesbahngesetze zur Hintanhaltung einer übermäßigen politischen Beeinflussung des

Bundesbahnbetriebes getroffenen Vorkehrungen haben sich jedoch auf Grund und in Ausnützung besonderer dienstlicher Einrichtungen, die, schon vor der Neuorganisation der Bundesbahnen geschaffen, noch gegenwärtig ganz außerhalb des durch das Bundesbahngesetz errichteten Dienstapparates fortbestehen, starke parteipolitische Einflüsse auf dem Gebiete des inneren Bundesbahndienstes geltend zu machen verstanden, dergestalt, daß insbesondere das Personalwesen im Dienstbereiche der Bundesbahnen schon seit längerem nur unter steter Bedachtnahme auf diese Einflüsse, ja geradezu im Banne derselben, verwaltet werden kann und verwaltet wird.

Unter solchen Umständen besteht jederzeit die Möglichkeit, daß diese, die persönlichen Dienstverhältnisse im Bereiche der Bundesbahnverwaltung großenteils beherrschenden parteipolitischen Einflüsse gegebenenfalls bei besonderen politischen Konstellationen, wie dies schon bei wiederholten Anlässen geschah, auch auf den äußeren Bundesbahnbetrieb überzugreifen und bei demselben eine starke, von der Verwaltung nicht gewollte, ihr nur Schwierigkeiten bereitende politische Wirkung auszuüben vermögen.

Auf die erwähnten diesfalls in Betracht kommenden besonderen Diensteinrichtungen wird noch später nach Durchsprechung der durch die Bundesbahngesetzgebung geschaffenen Organisationseinrichtungen und ihrer bisherigen Durchführung näher zurückzukommen sein.

7. Der im Bundesbahngesetze und zugehörigen Statute für die Verwaltung der Bundesbahnen aufgestellte Dienstapparat und dessen einzelne Organe. Am ungünstigsten beurteilt und am heftigsten angefochten wurden in wirtschaftlichen und eisenbahnfachlichen Kreisen, wie auch in der allgemeinen Tagespresse, schon gleich nach dem ersten Bekanntwerden der von der Regierung für die Neuorganisation der Bundesbahnen geplanten Reform die in der diesfälligen Regierungsvorlage aufgestellten und dann entsprechend dieser Vorlage auch wirklich in das Bundesbahngesetz und in das Statut aufgenommenen Bestimmungen über den Aufbau und die innere Gliederung des für die oberste Leitung der selbständigen Wirtschaftsunternehmung „Österreichische Bundesbahnen“ in Aussicht genommenen komplizierten Verwaltungsapparates sowie über die dienstliche Stellung der maßgebenden Organe dieses Apparates und die wechselseitigen Dienstbeziehungen derselben zu einander.

Im allgemeinen schwebte der Regierung nach den von ihr bei verschiedenen Anlässen gemachten Äußerungen bei den diesfälligen Anordnungen als Vorbild die bei den großen Privateisenbahngesellschaften übliche Organisationsform vor, wornach gemäß den Bestimmungen des Handelsgesetzbuches die Leitung des Unternehmens in die Hände eines aus einer Mehrzahl von Personen zusammengesetzten, von der Generalversammlung der Aktionäre auf bestimmte Dauer aus ihrer Mitte gewählten Verwaltungsrates, als nach dem Handelsgesetz verantwortlichen Vorstandes des Unternehmens gelegt ist und in Unterordnung unter denselben die eigentliche fachliche Leitung des Dienstes durch einen von ihm mit weiten Vollmachten bestellten, an der Spitze eines fachlich umfassend ausgestalteten Dienstkörpers stehenden Direktor, bzw. bei größeren Bahnkomplexen Generaldirektor besorgt wird.

Bezüglich der für die Leitung des Dienstes bei den Bundesbahnen im allgemeinen nach ähnlichen Gesichtspunkten gedachten Einrichtung wurden jedoch im Bundesbahngesetze und zugehörigen Statute, was die rechtliche Stellung der in Betracht kommenden maßgebenden Organe, ihre Zusammensetzung, ihren Wirkungskreis und die Regelung ihrer wechselseitigen Dienstbeziehungen betrifft, so tiefgreifende Unterschiede von den obenerwähnten Organisationseinrichtungen der Privatbahnunternehmungen geschaffen, daß sich die diesfälligen Organe der Bundesbahnverwaltung als wesentlich andere Gebilde darstellen und sich daher irgend eine haltbare, auch mehrfach in dem Acworteschen Gutachten angenommene und hervorgehobene Analogie zwischen der Ordnung dieser Verhältnisse bei den Bundesbahnen und derjenigen bei den Privatbahnverwaltungen nicht aufstellen läßt.

Die einschlägigen Bestimmungen des Bundesbahngesetzes und des Statutes zusammengefaßt, haben für die oberste Leitung der Verwaltungsgeschäfte und des Bahnbetriebes bei den österreichischen Bundesbahnen fortab folgende Organe zu bestehen:

a) Der Vorstand, zusammengesetzt aus fünf hiefür, zwar mit Dienstverträgen fest angestellten, jedoch infolge der gesetzlich ausgesprochenen Möglichkeit ihrer jederzeitigen Abberufung hinsichtlich der Dauer ihrer Bestellung nicht allzugesicherten Funktionären, u. zw. aus einem den Titel „Generaldirektor“ führenden Vorsitzenden und vier Vorstandsmitgliedern, die den Titel „Direktor“ mit einem den von ihnen vertretenen Dienstzweig andeutenden Zusatz führen und von welchen einer den Vorsitzenden ständig vertritt.

Dem Vorstand obliegt nach § 6 des Bundesbahngesetzes die Leitung des Unternehmens, das von ihm gerichtlich und außergerichtlich vertreten wird. In zehn Punkten werden sodann im § 3 des Statutes die obersten der Beschlußfassung des Vorstandes vorbehaltenen Verwaltungsagenden aufgezählt.

Mit Rücksicht auf die dem Vorsitzenden und den Mitgliedern des Vorstandes hinsichtlich ihrer Geschäftsführung auferlegte Haftung für die Anwendung der Sorgfalt eines ordentlichen Kaufmannes gewinnt die Frage nach der Art und Weise des Zustandekommens der diesfälligen Beschlüsse eine wesentliche Bedeutung, die unbedingt im Bundesbahngesetze selbst klarzustellen gewesen wäre, was aber nicht geschehen ist.

Im Bundesbahngesetze § 6 wird in dieser Richtung nur auf die sinngemäße Anwendung der Art. 228 bis 231 des Handelsgesetzbuches verwiesen. Da speziell im Art. 229 des letzteren erklärt wird, daß, wenn nichts anderes bestimmt wurde, die Zeichnung durch sämtliche Mitglieder des Vorstandes erforderlich sei, müßte man annehmen, daß zur Gültigkeit der vom Vorstande zu fassenden Beschlüsse die Einstimmigkeit aller seiner Mitglieder erfordert werde, was aber im Interesse der notwendigen Expeditivität der Geschäftsführung kaum gewollt sein dürfte und bei der Notwendigkeit, oft rasche Entschlüsse zu fassen, praktisch nicht angängig wäre. Ausdrücklich wurde im Bundesbahngesetze nur verfügt, daß Überschreitungen der Ansätze des jährlich aufzustellenden Wirtschaftsplanes oder nicht vorhergesehene Ausgaben, für deren Bedeckung nicht bereits Vorsorge getroffen ist, nur mit Zustimmung des mit der Leitung des finanziellen Dienstes betrauten Vorstandsmitgliedes zulässig sind.

Es kann nicht zweifelhaft sein, daß durch diese Bestimmung speziell dem den finanziellen Dienst leitenden Vorstandsmitgliede in wichtigen Beziehungen zur Sicherung einer finanziell korrekten Gebarung bei der Bundesbahnverwaltung dem gesamten Vorstande gegenüber einschließlich des Generaldirektors eine nicht zu unterschätzende überragende Stellung gewahrt wurde.

b) Die Generaldirektion, in engster Verbindung mit dem Vorstande der Unternehmung „Österreichische Bundesbahnen“ stehend, indem der Vorsitzende des letzteren als „Generaldirektor“ zugleich an ihrer Spitze steht und dessen übrige vier Mitglieder als Direktoren Hauptabteilungen der Generaldirektion zu leiten berufen sind.

Die Stellung der Generaldirektion im Dienstorganismus der Bundesbahnunternehmung und speziell zum Vorstande derselben wird durch die Anordnung des § 1 des Statutes charakterisiert, daß sich der Vorstand zur Besorgung der Geschäfte der Unternehmung der Generaldirektion zu bedienen hat, d. h. also wohl, daß dieselbe dem Vorstande die Vorbereitungsarbeiten für die von ihm zu fassenden Beschlüsse zu liefern hat und dann seine Beschlüsse durchzuführen berufen ist. Mit dieser Charakterisierung ihrer wesentlichen Aufgabe und mit der im Statute ihr gegenüber formal streng getrennt behandelten Stellung des Vorstandes als des gesetzlich allein verantwortlichen Leiters des ganzen Unternehmens in auffallendem, kaum in Einklang zu bringenden Widerspruche steht es, wenn an anderer Stelle des Statutes (§ 4) der Wirkungskreis der Generaldirektion im allgemeinen dahin präzisiert wird, daß ihr die oberste einheitliche Verwaltung und Beaufsichtigung des Betriebes der österreichischen Bundesbahnen sowie ihrer Hilfsanstalten und Nebenbetriebe obliege.

Die Generaldirektion wurde bei ihrer Aufstellung nicht bloß in vier von den Mitgliedern des Vorstandes geleitete Hauptabteilungen, sondern im ganzen in acht große, „Direktionen“ benannte und gleichmäßig von Direktoren geleitete solche Hauptabteilungen gegliedert. Einige dieser Direktionen teilen sich wieder in Fachgruppen und allen unterstehen eine Anzahl von Abteilungen und Bureaus, deren bei der Generaldirektion bis vor kurzem im ganzen 59 gezählt werden.

Die Direktionen bestehen: 1. für Verkehr, Zugförderung und Wagendienst, 2. für Materialbeschaffung, 3. für Finanz- und Verrechnungswesen, 4. für kommerziellen Dienst einschließlich des Tarifwesens, 5. für administrativen Dienst, 6. für Bau- und Bahnerhaltung, 7. für Elektrifizierung, 8. für Werkstättendienst.

Durch die Aufstellung dieser Direktionen wurde bereits für die Wahrnehmung der Geschäfte des Tarifdienstes, des Werkstättendienstes, der Dienstgüterbeschaffung, der Einführung der elektrischen Zugförderung, der Flüssigmachung der Ruhe- und Versorgungsgenüsse für den ganzen Bundesbahnbereich und der Hauptbuchführung der Unternehmung vorgesorgt, deren unmittelbare Besorgung der Generaldirektion im Statute (§ 4) ausdrücklich überwiesen worden ist.

Aus der vorstehend angeführten Gliederung ergibt sich, daß die neu errichtete Generaldirektion eine fast noch umfassendere Ausgestaltung erhielt, als eine solche seinerzeit bei strengster Zentralisierung des Dienstes der im Jahre 1884 für ein beiläufig gleich ausgedehntes Staatseisenbahnnetz errichteten „K. k. Generaldirektion der österreichischen Staatsbahnen" zuteil geworden war, indem letztere nach dem bezüglichen Organisationsstatute anfänglich sogar nur in drei von Direktoren geleitete Fachabteilungen, u. zw. eine für Bahnerhaltung und Bau, eine zweite für Verkehr und Maschinendienst und eine dritte für administrativen und kommerziellen Dienst zerfiel — eine Zahl, die sich bei der Durchführung dieser Organisation alsbald dadurch auf sechs erhöhte, daß für den kommerziellen Dienst, für den Kontrolldienst und für den Maschinen- und Werkstättendienst selbständige Abteilungen gebildet wurden.

Nach zehnjährigem Bestande der Generaldirektion vermehrte sich die Zahl von sechs Abteilungen durch die Teilung der Abteilung für den Kontrolldienst in zwei selbständige Abteilungen für die Einnahmenkontrolle und für den finanziellen Dienst noch um eine weitere Abteilung, so daß sich die Generaldirektion von da ab aus sieben, teils „Fachabteilungen", teils „selbständige Unterabteilungen" benannten, jedoch einander vollkommen koordinierten Hauptabteilungen zusammensetzte, welchen zusammen gleichfalls 59 Bureaus und selbständige Geschäftsgruppen, aber für ein bedeutend größeres Netz, unterstanden. Erst ganz zuletzt war im Jahre 1895 bei der Generaldirektion noch eine achte selbständige Abteilung für das Lokalbahnwesen gebildet worden, nachdem durch die großzügige Fortführung der Lokalbahnaktion und durch die Angliederung einer größeren Anzahl neu erbauter Lokalbahnen an das Staatsbahnnetz ein besonderes Bedürfnis hiefür aufgetreten war.

Aus der hiernach noch umfassenderen Ausgestaltung der Generaldirektion der Bundesbahnen kann jedenfalls das eine nicht ohne Befriedigung entnommen werden, daß von dem noch bei der ersten Lesung der Regierungsvorlage über die Reform der Bundesbahnen im Nationalrate im Vordergrunde gestandenen Plane der Errichtung eines nur kleinen Zentralverwaltungskörpers und einer korrespondierenden bedeutenderen Erweiterung des Wirkungskreises der Bundesbahndirektionen seither wieder Abstand genommen und an Stelle einer solchen entschiedenen Dezentralisation des Dienstes einer der Natur und der volkswirtschaftlichen Aufgabe des Eisenbahnwesens weit besser angemessenen, eine rationellere und auch ökonomischere Gebarung ermöglichenden Zentralisierung der Verwaltung der Vorzug gegeben wurde.

Folgerichtig könnte sodann, soferne nicht unüberwindliche politische Rücksichten zu einem anderen Vorgange nötigen, der Wirkungskreis der Bundesbahndirektionen, ebenso wie es nach der Organisation des Jahres 1884 der Fall war, in der Hauptsache wieder auf die lokale Führung und Überwachung der drei Hauptzweige des exekutiven Betriebsdienstes, d. i. des Bau- und Bahnerhaltungsdienstes, des Verkehrsdienstes und des Zugförderungsdienstes innerhalb ihres Bezirkes eingeschränkt werden.

Von der grundsätzlichen Stellungnahme in dieser Richtung wird das Maß der fachlichen Ausgestaltung und der Gliederung des inneren Dienstes bei den Bundesbahndirektionen wesentlich abhängen müssen.

Ausdrücklich ausgesprochen wurde die mittlerweile wohl bereits durchgeführte Absicht, denselben zur Erleichterung und Vereinfachung des Parteienverkehres im kommerziellen Bahnbetriebe hinsichtlich dieses Dienstzweiges erweiterte Kompetenzbefugnisse einzuräumen.

Es ist anzunehmen, daß die die acht Direktionen leitenden Fachdirektoren sich zu einander in einer grundsätzlich koordinierten dienstlichen Stellung befinden, wenn auch vieren derselben dadurch, daß sie als Mitglieder des Vorstandes zu fungieren berufen sind, unzweifelhaft ein bedeutend erweiterter und einflußreicherer Wirkungskreis zukommt. Erheblich erweitert wird die durch diese Tatsache geschaffene überragende Stellung der obenbezeichneten vier dem Vorstande der Unternehmung als Mitglieder angehörigen Direktoren gegenüber den übrigen vier bei der Generaldirektion in gleicher Dienststellung befindlichen Funktionären jedenfalls noch durch den Umstand, daß die ersteren nach den Bestimmungen des Bundesbahngesetzes ihre vertragsmäßige Bestellung gleich derjenigen des Generaldirektors durch den Präsidenten der Verwaltungskommission mit Zustimmung der Bundesregierung erhalten, während die übrigen vier Direktoren, soferne bei ihrer Berufung die Anordnungen des Bundesbahngesetzes über die Ernennung der Beamten des Unternehmens eingehalten werden, bloß durch Beschluß des Vorstandes selbst, somit unter Mitwirkung der erstgenannten vier Direktoren ernannt werden.

Zu Vorstandsmitgliedern wurden diejenigen Fachdirektoren bestellt, welchen die Leitung der oben zuerstgenannten vier Direktionen übertragen wurde.

Nicht zu billigen ist die Hintansetzung, die infolge dieser Besetzung der Posten der Vorstandsmitglieder speziell der administrative Dienst erfahren hat.

Schon in den frühesten Zeiten des Staatseisenbahnwesens hatte man erkannt, daß im Staatseisenbahndienste administrative und technische Verwaltungsaufgaben in steter Berührung und Wechselwirkung zu einander stehen, daß daher in den Zentralstellen der Eisenbahnverwaltung höherer und niederer Ordnung stets eine möglichste Verschmelzung der Technik und der Administration anzustreben sei, ohne dem einen oder dem anderen der beiden genannten Fächer einen besonderen Vorrang einzuräumen. Man trachtete vielmehr darnach, beiden Fächern in der Geschäftsleitung solcher Zentralstellen eine möglichst gleichmäßige Vertretung zukommen zu lassen. Daran festhaltend, daß der oberste einer derartigen Stelle vorstehende Funktionär nach seiner persönlichen Eignung für einen so wichtigen leitenden Posten sowohl ein administrativ wie ein technisch gebildeter Beamter sein könne, wurde zugleich stets der Grundsatz aufgestellt, daß der Stellvertreter des leitenden Vorstandes dem anderen Fache anzugehören habe, daß derselbe daher, wenn der leitende Vorstand ein Techniker war, ein administrativer Beamter, wenn der erstere eine administrative Vorbildung hatte, ein Techniker sein müsse.

Auch gegenwärtig wurde im Statute für die österreichischen Bundesbahnen, soweit es sich um die Organisation des Dienstes bei den Bundesbahndirektionen handelt, an diesem Grundsatze festgehalten. Dagegen wurde bei der ungleich wichtigeren Auswahl der als Mitglieder in den Vorstand der Unternehmung der österreichischen Bundesbahnen zu berufenden Direktoren der Generaldirektion mangels einer ausdrücklichen Anordnung bei der gegenwärtig vorherrschenden technischen Orientierung gegen obigen Grundsatz gröblich verstoßen, indem der administrative Direktor nicht einmal als Mitglied des Vorstandes, geschweige denn als Stellvertreter des ernannten technischen Generaldirektors bestellt wurde.

Es muß zugegeben werden, daß im bestandenen Kaiserstaate in der Zeit, in welcher die oberste Staatseisenbahnverwaltung mit der Hoheitsverwaltung im neu errichteten Eisenbahnministerium zu einem Dienstkörper zusammengelegt war, sich allmählich ein ungesunder, sachlich nicht gerechtfertigter Zustand dadurch herausgebildet hatte, daß sich der juridisch-administrativ vorgebildete Beamtenstand, unterstützt durch das in diesem Ministerium großgezogene Präsidialsystem, bei der Besetzung höherer, insbesondere leitender Dienstposten ein nicht unbedeutendes Übergewicht über den Technikerstand zu verschaffen verstand, so daß sich letzterer in die zweite Linie zurückgesetzt fühlte. Es mußte dies zu einer Verbitterung im Technikerstande führen, da es doch vor aller Welt klar liegt, daß in keinem staatlichen Verwaltungszweige der technischen Arbeit eine so hohe Bedeutung und eine solche Wichtigkeit beizumessen ist, wie im Eisenbahnfache, das vorzüglich technischem Können und Schaffen die hohe Stufe seiner heutigen Entwicklung zu danken hat.

Da dieser ungesunde Zustand gegenwärtig behoben und seit dem Zusammenbruche des alten Kaiserstaates die Leitung der

Verwaltung der Staats-, jetzt Bundesbahnen, schon das zweitemal in technische Hände gelegt wurde, wäre es verfehlt, nunmehr in das entgegengesetzte Extrem zu verfallen.

Von den zehn Punkten, welche im Statute ausdrücklich der Beschlußfassung des Vorstandes vorbehalten wurden, fallen sechs direkt in den Wirkungskreis der administrativen Direktion und auch bei den übrigen vier hat der administrative Direktor ein gewichtiges Wort mit in die Wagschale zu werfen.

Vom Standpunkte der den Mitgliedern des Vorstandes für die Beschlüsse des letzteren auferlegten Verantwortung muß es als grundsätzlich verfehlt und daher unzulässig erachtet werden, daß bei den zahlreichen, vom Vorstande in administrativen Angelegenheiten zu fassenden Beschlüssen gerade die Stimme des in erster Linie zur Vertretung der betreffenden Angelegenheiten berufenen administrativen Direktors gar nicht mitzählt, diese Beschlüsse vielmehr mit Ausschluß seiner Mitverantwortung von den andere Fächer leitenden Direktoren als Vorstandsmitglieder gefaßt werden.

Eine Remedur dieses ungesunden, auf die Dauer kaum haltbaren Zustandes könnte unschwer in einer entsprechenden Erhöhung der Zahl der Vorstandsmitglieder gefunden werden.

Am richtigsten würde es sein, den Vorstand aus sämtlichen acht dienstlich gleichgestellten Fachdirektoren unter dem Vorsitze des Generaldirektors zu bilden, so wie in ähnlicher Weise auch in den Zeiten der Organisation vom Jahre 1884 vom Präsidenten der damaligen Generaldirektion der österreichischen Staatsbahnen geschäftsordnungsmäßig mit sämtlichen Abteilungsvorständen in regelmäßigen Zwischenräumen Gremialkonferenzen abzuhalten waren, allerdings mit dem wesentlichen Unterschiede, daß damals in den Konferenzen nicht bindende Beschlüsse zu fassen waren, dieselben vielmehr lediglich der persönlichen Beratung des Präsidenten zu dienen hatten, dem die schließliche Entscheidung zu treffen vorbehalten blieb.

Überblickt man die komplizierten Anordnungen, die im Bundesbahngesetze und im zugehörigen Statute über die dem Vorstande der Bundesbahnen im Vereine mit der ihm angegliederten Generaldirektion obliegende oberste Geschäftsführung getroffen wurden, in ihrem Zusammenhange, so muß man leider erkennen, daß mittels derselben in diesem wichtigen Belange in keiner Weise eine wirklich kaufmännischem Geiste Rechnung tragende Dienstorganisation geschaffen wurde, welch letztere vielmehr nach allgemein feststehender, auch von Sir Acworth vertretener Auffassung zur Erzielung einer erfolgreichen Geschäftsführung bedingt, daß die oberste Leitung des Dienstes einer einzigen, mit weitestem, selbständigem Entscheidungsrechte ausgestatteten, für den Gesamtdienst die Verantwortung tragenden Persönlichkeit anvertraut wird, zu der alle anderen dienstlichen Organe und Angestellten der Unternehmung im Verhältnisse strenger Unterordnung stehen.

In dieser Beziehung war die bereits wiederholt angeführte, im alten Kaiserstaate im Jahre 1884 für die Verwaltung eines damals ähnlich ausgedehnten Staatseisenbahnnetzes eingeführte Dienstorganisation auf einer weitaus gesünderen Grundlage aufgebaut, indem das betreffende Organisationsstatut ausdrücklich anordnete, daß der dem Handelsminister unmittelbar unterstellte Präsident der damals neu errichteten Generaldirektion die gesamte, letzterer zugewiesene Geschäftsführung zu leiten hat und für dieselbe verantwortlich ist, u. zw., insoweit sie nach seiner Bestimmung nicht unmittelbar durch ihn selbst erfolgt, in der Weise, daß er für die ordnungsmäßige Handhabung des Dienstes durch die hiezu berufenen Organe zu sorgen und dieselben zur pflichtgemäßen Erfüllung ihrer dienstlichen Obliegenheiten anzuhalten hat.

Und noch deutlicher war in Erläuterung dieser Anordnung des Organisationsstatutes in der im Jahre 1888 für die Generaldirektion erlassenen Geschäftsordnung ausgesprochen worden, daß die Führung der Geschäfte bei derselben durchwegs nach dem Grundsatze der persönlichen Verantwortlichkeit zu erfolgen habe und daß daher, abgesehen von der im Disziplinarverfahren vorgeschriebenen kommissionellen Antragstellung, in allen zum selbständigen Wirkungskreise der Generaldirektion gehörenden Angelegenheiten für die Geschäftserledigung die persönliche Entscheidung des Präsidenten bzw. innerhalb des ihnen zugesprochenen Wirkungskreises auch der Abteilungsvorstände maßgebend zu sein habe.

Dagegen ist im starken Gegensatze hiezu nunmehr nach den Bestimmungen des Bundesbahngesetzes und zugehörigen Statutes dem Generaldirektor der Bundesbahnen nach keiner Richtung hin ein persönliches Entscheidungsrecht vorbehalten worden.

Die Entscheidungen in den in zehn Punkten zusammengefaßten, die oberste Leitung des Dienstes bei der Unternehmung betreffenden Verwaltungsagenden haben durch Beschlußfassung in dem aus fünf Köpfen zusammengesetzten Vorstande zu erfolgen. Bei den diesfälligen Beratungen des Vorstandes hat der Generaldirektor zwar den Vorsitz zu führen, ohne daß ihm aber irgend ein Vorrecht bei den zu pflegenden Abstimmungen zustünde, so daß er, ganz gleich den anderen Mitgliedern des Vorstandes, mit seinem eigenen Votum jederzeit der Möglichkeit der Majorisierung durch die übrigen Vorstandsmitglieder ausgesetzt ist.

Alle sonstigen in den Geschäftskreis der Generaldirektion fallenden Verwaltungsagenden sind unter die bereits angeführten, bei derselben errichteten acht Direktionen voll aufgeteilt und müssen sonach mangels einer anderweitigen ausdrücklichen Anordnung in diesen Direktionen unter der selbständigen Leitung der denselben vorgesetzten und für den Dienst in diesen Direktionen verantwortlichen Fachdirektoren ihre Erledigung finden.

Weder in dem Bundesbahngesetze, noch in dem Statute ist dem Generaldirektor auch nur in engsten Grenzen ein auf die Agenden dieser Direktionen sich erstreckendes, den selbständigen Wirkungskreis der einzelnen Fachdirektoren einschränkendes höheres Entscheidungsrecht vorbehalten worden, u. zw. auch nicht bezüglich solcher im Eisenbahndienste vielfach vorkommender Angelegenheiten, die zugleich den Geschäftskreis mehrerer dieser Direktionen betreffen.

Mangels einer ausdrücklichen Vorschrift über die Behandlung letzterer Art von Agenden liegt nur die Annahme nahe, daß solche Agenden, auch wenn sie nicht zu den im Bundesbahngesetze in zehn Punkten aufgezählten, der Beschlußfassung durch den Vorstand vorbehaltenen Gegenständen gehören, doch von den einzelnen Fachdirektoren spontan zur Beratung in die Sitzungen des Vorstandes eingebracht werden, wodurch dann auch der Generaldirektor in die Lage kommt, an der Entscheidung derselben mitzuwirken.

Eine Verpflichtung zu solchem Vorgehen besteht jedoch, wie gesagt, nach den Bestimmungen des Bundesbahngesetzes und des Statutes nicht.

In dem letzteren wurde vielmehr der Wirkungskreis des Generaldirektors nur in einer gänzlich unzulänglichen Weise, ihm eine rein formale Aufgabe stellend, dahin präzisiert, daß er für die ordnungsmäßige Ausübung des Dienstes durch die berufenen Organe zu sorgen und dieselben zur pflichtmäßigen Erfüllung ihrer dienstlichen Obliegenheiten anzuhalten habe.

Unter solchen Umständen ist bei strikter Einhaltung der erlassenen organisatorischen Bestimmungen die Gefahr eine imminente, daß bei der Generaldirektion an Stelle der zu einer gedeihlichen und erfolgreichen Geschäftsführung unbedingt gebotenen Einheit in der obersten Leitung des Dienstes großenteils ein nur in loser Verbindung zu einander stehendes, selbständiges Nebeneinanderarbeiten der acht Direktionen sich einleben und immer mehr um sich greifen werde.

Einige Milderung bzw. Verbesserung der in dieser Richtung dem Bundesbahngesetze und dem Statute anhaftenden schweren Mängel könnte vielleicht noch von dem seitens der Bundesregierung seinerzeit gelegentlich der ersten Lesung des Reformgesetzentwurfes im Nationalrate angekündigten und gegenwärtig noch immer ausstehenden „dritten Organisationsakte“, nämlich von den die interne Dienstorganisation der Betriebsverwaltung ergänzenden Geschäftsordnungen erhofft werden.

In einer speziell für den Dienst der Generaldirektion zu erlassenden solchen Geschäftsordnung könnten immerhin noch der führenden Stellung des Generaldirektors im inneren Dienstbetriebe der Generaldirektion einigermaßen zugute kommende und dieselbe befestigende Bestimmungen sowie nähere Vorschriften über eine zweckmäßige Behandlung der den Geschäftskreis mehrerer Direktionen zugleich betreffenden Angelegenheiten und über die Entscheidung solcher Angelegenheiten getroffen werden.

Allzuviel ist allerdings von einer für die Generaldirektion noch zu erstellenden Geschäftsordnung hinsichtlich einer vollständigen Selbständigstellung des Generaldirektors gegenüber den Fachdirektoren und der Zuerkennung eines den Wirkungskreis der letzteren überragenden Entscheidungsrechtes an denselben nicht zu erwarten, da einerseits auch in den Geschäftsordnungen Vorschriften nur innerhalb der Grenzen der schon durch das Statut gezogenen Grundlinien getroffen werden können und da anderseits die Erlassung der Geschäftsordnungen nach den Bestimmungen des Statutes Sache der Beschlußfassung des Vorstandes zu bilden hat und kaum anzunehmen ist, daß die Fachdirektoren, die im Vorstande über die Majorität der Stimmen verfügen, freiwillig für eine wesentliche Einschränkung ihres in den Bestimmungen des Statutes fußenden Wirkungskreises zu stimmen bereit sein werden.

Da es gegenwärtig unbekannt ist, ob für den Dienst der Generaldirektion bereits eine Geschäftsordnung erstellt wurde, eine solche jedenfalls bisher nicht veröffentlicht wurde, läßt sich derzeit noch kein abschließendes Urteil über die in dieser wichtigen Beziehung durch die neue Dienstorganisation geschaffenen Verhältnisse gewinnen.

Nach den vorliegenden Bestimmungen des Bundesbahngesetzes und des Statutes kann es jedoch als feststehend ausgesprochen werden, daß dem Generaldirektor der Bundesbahnen im Dienstbereiche der letzeren diejenige Stellung nicht gewährleistet ist, die im Interesse des zu erzielenden Erfolges die den Dienst leitende Persönlichkeit bei einer nach kaufmännischen Grundsätzen einzurichtenden Geschäftsführung besitzen muß und daß daher die gesamte Öffentlichkeit in einem vollständigen Irrtume befangen war, als schon von dem Augenblick der Veröffentlichung des Gesetzentwurfes über die Reform der Bundesbahnen an und während der ganzen Zeit der Beratungen über denselben alle kritischen Besprechungen dieses Entwurfes von der selbstverständlichen Voraussetzung ausgingen, daß der nach dem Inhalt dieses Gesetzes an die Spitze des Vorstandes und der Generaldirektion gestellte Generaldirektor diejenige Persönlichkeit sei, die auf das Gedeihen des Bundesbahnbetriebes den maßgebendsten Einfluß zu üben, hiefür aber auch die größte Verantwortung zu tragen haben werde.

Darauf, daß die dem Generaldirektor der österreichischen Bundesbahnen zugewiesene Stellung eine völlig ungenügende sei, wurde auch von dem englischen Gutachter Sir Acworth in seiner dem Generalkommissär Dr. Zimmermann über den Reformgesetzentwurf der Regierung übergebenen Denkschrift hingewiesen; er gab unter näherer Ausführung diesfalls seiner Ansicht dahin Ausdruck, daß es unter den im Gesetze und im Statute niedergelegten Bedingungen dem Generaldirektor unmöglich sei, ein Maß von Freiheit zu besitzen, das die Verwaltungskommission und die Regierung berechtigen könnte, ihn für die erzielten Ergebnisse verantwortlich zu machen.

Noch tiefer herabgedrückt wird die Bedeutung und selbst das Ansehen der Stellung des Generaldirektors durch die im Bundesbahngesetze über die Bestellung und Abberufungsmöglichkeit aller Vorstandsmitglieder einschließlich seiner Person enthaltenen Bestimmungen, über welche noch später in anderem Zusammenhange näher zu sprechen sein wird.

c) Die Verwaltungskommission, auch in ihrer Stellung als ungenügender Ersatz für die mangelnde Einrichtung eines Eisenbahnbeirates. Sie bildet eine Körperschaft, die aus 14, von der Bundesregierung auf die Dauer von drei Jahren bestellten, verschiedenen Berufskreisen entnommenen Mitgliedern bestehend und mit einem von der Regierung aus ihrer Mitte berufenen Präsidenten sowie zwei von der Kommission selbst ebenso erwählten Vizepräsidenten an der Spitze, vermöge des ihr im Bundesbahngesetze zugemessenen Wirkungskreises eine dem Vorstande übergeordnete Stellung einnimmt.

Die wesentliche Aufgabe der Verwaltungskommission, deren Mitglieder ihre Funktion nur gegen Vergütung ihrer allfälligen Reisekosten, im übrigen als unbesoldetes Ehrenamt auszuüben haben, bildet nach Anordnung des § 10 des Bundesbahngesetzes die Überwachung der Geschäftsführung der österreichischen Bundesbahnen bei gleichzeitiger Wahrung allgemeiner Interessen.

Diese Überwachungstätigkeit kann, wenn man an dem Wortlaute und dem Geiste des Bundesbahngesetzes festhält, die Verwaltungskommission in keiner Weise zu einem direkten Eingreifen in die nach dem Gesetze dem Vorstande zugewiesene Leitung der Geschäfte der Bundesbahnen berechtigen; sie kann vielmehr, wenn sie nicht mit der dem letzteren unter gesetzlich erklärter Verantwortlichkeit seiner Mitglieder übertragenen selbständigen Geschäftsführung in unlösbaren Widerspruch geraten soll, ihrem Wesen nach nur als eine nachträglich einsetzende und wirkende gedacht werden.

Mit dieser Auffassung steht es auch im Einklange, daß in dem Gesetze ausdrücklich nur von dem Rechte der Verwaltungskommission gesprochen wird, über ihre Wahrnehmungen den Ministern für Handel und Verkehr sowie für Finanzen Bericht zu erstatten.

Es geht durchaus nicht an, die der Verwaltungskommission gesetzlich auferlegte Überwachungspflicht etwa, wie es schon versucht wurde, dahin zu interpretieren, daß es ihr obliege, die allgemeinen Gesichtspunkte für die Verwaltung der Bundesbahnen festzustellen, während dem Vorstande die selbständige und verantwortliche Führung des Dienstes nur auf Grundlage und im Rahmen dieser von der Verwaltungskommission festgelegten Gesichtspunkte vorbehalten sei.

Für die Berechtigung einer solchen Auffassung, die unzweifelhaft eine Teilung der Kompetenzen und damit auch der Veranwortlichkeit zwischen den beiden genannten Faktoren involvieren würde, ist in dem ganzen Bundesbahngesetze und dem zugehörigen Statute auch nicht der geringste Anhaltspunkt zu finden.

Auch der Umstand, daß der Verwaltungskommission speziell die Wahrung der allgemeinen Interessen zur Pflicht gemacht wurde, kann sie zu keinem vorgängigen Eingreifen in die Verwaltung berechtigen. Da gemäß § 2 des Bundesbahngesetzes schon der Vorstand bei der Gebarung der Bundesbahnen zur Wahrung und Sicherung allgemeiner Interessen verpflichtet ist, kann die in dieser Richtung speziell noch der Verwaltungskommission auferlegte Verpflichtung nur dahin verstanden werden, daß sie bei ihrer Überwachungstätigkeit ein besonderes Augenmerk darauf zu richten habe, ob bei der Geschäftsführung für die Bundesbahnen die mitspielenden allgemeinen Interessen gehörig gewahrt worden seien.

Insbesondere obliegt der Verwaltungskommission nach Anordnung des Bundesbahngesetzes die Prüfung und Genehmigung des Rechnungsabschlusses und die Erteilung der Entlastung des Vorstandes (§ 12, lit. a). Sie hat nach § 18 die vom Vorstande in der ersten Hälfte jedes Kalenderjahres sowohl den Bundesministern für Handel und Verkehr und für Finanzen wie auch ihr für das abgelaufene Geschäftsjahr vorzulegende Bilanz und Ertragsrechnung sogleich in Verhandlung zu ziehen und den hierüber gefaßten Beschluß den beiden genannten Ministern zu übermitteln.

Sie ist ferner berufen, im Falle als von Mitgliedern des Vorstandes die ihnen zur Pflicht gemachte Sorgfalt eines ordentlichen Kaufmannes außer acht gelassen wurde, die der Unternehmung aus dieser Haftung erwachsenden Ersatzansprüche geltend zu machen (§ 12, lit. b, und § 6, Abs. 2).

Innerhalb dieser Grenzen deckt sich der der Verwaltungskommission im Bundesbahngesetze eingeräumte Wirkungskreis großenteils mit dem im Handelsgesetzbuche für „Aufsichtsräte“ bestimmten Wirkungskreise, deren Errichtung nach eben diesem Gesetze bei Aktiengesellschaften allgemein zugelassen ist, aber speziell bei den österreichischen Privateisenbahngesellschaften bisher praktisch nicht in Übung stand.

Soweit die Verwaltungskommission dem Vorstande die Entlastung bezüglich der Jahresrechnungen zu erteilen berufen ist, hat sie sogar eine Funktion der Generalversammlung der Aktiengesellschaften auszuüben.

Mit Rücksicht auf all diese vorangeführten, ihrer Wesenheit nach immer nur zur Überwachung der Geschäftsleitung des gesetzlich verantwortlichen Vorstandes gehörigen Funktionen der Verwaltungskommission kann letztere nicht, wie es neuestens, u. zw. auch im A c w o r t h schen Gutachten, wiederholt angenommen wird, mit dem selbst als gesetzlich verantwortlicher Vorstand das Unternehmen leitenden Verwaltungsrate einer Privateisenbahngesellschaft, sondern bestenfalls nur mit einem eventuell über diesen letzteren hinaus noch bei einer solchen Gesellschaft bestellten „Aufsichtsrate“ in eine Linie gestellt werden.

Im Bundesbahngesetze (§ 12) wurde der Verwaltungskommission noch nach drei Richtungen hin ein weitergehender Wirkungskreis zugesprochen.

Sie hat Kreditverträge, soweit sie der Zustimmung des Bundesministers für Finanzen bedürfen, zu prüfen und Änderungen der Tarifbestimmungen, soweit sie an die Genehmigung der Bundesregierung gebunden sind, zu begutachten, so daß sie in beiden Beziehungen nach Art eines Beirates der Regierung zu fungieren berufen ist. Es wurde ihr weiters noch das singuläre Recht zuerkannt, mittels Beschlusses ihrem Präsidenten den Widerruf der Bestellung eines Vorstandmitgliedes zu empfehlen, ein Recht, das, wirklich ausgeübt, tatsächlich in dieser einen Beziehung einen ausnahmsweisen direkten Eingriff in die Verwaltung der Bundesbahnen bedeutet.

Die der Verwaltungskommission schließlich noch zugesprochenen Rechte, vom Vorstande Auskünfte zu verlangen und, wie bereits erwähnt, den beiden Ministern für Handel und Verkehr sowie für Finanzen über ihre Wahrnehmungen Bericht zu erstatten, können ihrem Wesen nach nicht als ein der Verwaltungskommission zugestandener sachlicher Wirkungskreis gewertet werden; sie bilden nur Mittel und Wege, um derselben die Möglichkeit zu sichern, ihren Wirkungskreis nach jeder Richtung hin zur Geltung zu bringen.

Von den vierzehn seitens der Bundesregierung in die Verwaltungskommission zu berufenden Mitgliedern haben nach den Bestimmungen des Bundesbahngesetzes (§ 10) 11 Mitglieder Fachleute des Verkehrswesens, der Volkswirtschaft und selbständige oder in leitender Stellung befindliche Persönlichkeiten des praktischen Wirtschaftslebens zu sein. Die übrigen drei Mitglieder werden von der Regierung auf Grund eines Vorschlages des Zentralausschusses des Personales der österreichischen Bundesbahnen berufen, u. zw. hat der genannte Zentralausschuß bei seiner Vorschlagerstattung so vorzugehen, daß wenigstens eine Stelle jener Organisation zufällt, die bei den Personalvertretungswahlen die zweitgrößte Anzahl von Mandaten erhalten hat. Dazu kommt noch die das Personal besonders begünstigende Bestimmung, daß eine Ablehnung eines vom Zentralausschusse Vorgeschlagenen nur dann zulässig ist, wenn der Betreffende nach der Personalvertretungsvorschrift die Wählbarkeit in die Personalvertretung nicht besitzt.

Durch diese Bestimmung des Bundesbahngesetzes wird das Personal der österreichischen Bundesbahnen dazu berufen, mittels von ihm aus seiner Mitte gewählter Vertreter zum Zwecke der gemeinsamen Erzielung eines höchsten Arbeitserfolges allgemein an der obersten Überwachung der gesamten Geschäftsführung bei den Bundesbahnen gleichberechtigt mitzuwirken. Diese Berufung bildet für dasselbe unzweifelhaft eine Errungenschaft, welche es, neben dem demokratischen Geiste der Jetztzeit überhaupt, hauptsächlich der Machtstellung verdankt, die es durch seine freien gewerkschaftlichen Zusammenschlüsse allmählich zu erringen und sich sicherzustellen verstanden hat.

Daß diese nun gesetzlich festgelegte, neuestens auch in anderen Ländern ähnlich eingeführte Maßnahme der Mitwirkung des Dienstpersonales selbst an der obersten Überwachung der ganzen Geschäftsführung bei den Bundesbahnen eine auch sachlich berechtigte ist, ergibt sich aus der Erwägung, daß dieses Personal, während dies in der ersten Zeit nach dem Zusammenbruche des Kaiserreiches sich allerdings noch anders verhielt, schon seit Jahren durch die fortgesetzte gründliche Beratung wichtiger fachlicher Fragen und insbesondere auch von Organisationsfragen in seinen zahlreichen periodischen gewerkschaftlichen Fachversammlungen, durch die Veröffentlichung einschlägiger wertvoller Arbeiten in seinen fachpublizistischen Organen und auch bereits durch seine werktätige Mitarbeit bei den von der Regierung bezüglich der Reform der Bundesbahnen eingeleiteten Vorberatungen zur Genüge den Beweis geliefert hat, daß es über die engen Grenzen rein parteipolitischer Erwägungen hinaus auch den mit dem bundesstaatlichen Eisenbahndienste unzertrennlich verbundenen vielen und wichtigen öffentlichen Interessen volles Verständnis entgegenzubringen vermag und dazu auch bereit ist.

Speziell bezüglich der bei der Neuorganisation der Bundesbahnen im Auge zu behaltenden Richtlinien waren bereits in von solchen Personalorganisationen der Bundesregierung überreichten Denkschriften unter vollster Bedachtnahme auf die hiebei zu wahrenden öffentlichen und insbesondere auch staatlichen Interessen manche wertvolle Vorschläge erstattet worden, bei deren Berücksichtigung für die wirkliche Sanierung des Bundesbahnbetriebes ein sichererer Erfolg erzielt worden wäre, als dies nun durch den von der Bundesregierung unternommenen „kühnen Sprung“ in gänzlich neue Verhältnisse geschehen ist.

Die in der Öffentlichkeit bei der kritischen Besprechung des Bundesbahngesetzes wiederholt laut gewordene Befürchtung, daß durch die Berufung von Vertretern der Eisenbahnerorganisationen in die Verwaltungskommission nun doch in bestimmter Richtung politischen Einflüssen auf die Dienstesausübung bei den Bundesbahnen der Weg gebahnt wurde, während man durch den gesetzlichen Ausspruch der Inkompatibilität der Mitgliedschaft im Vorstande und in der Verwaltungskommission mit der Zugehörigkeit zu einer parlamentarischen Korporation oder zur Regierung solche Einflüsse von diesem Dienste grundsätzlich ferne zu halten trachtete, trifft bezüglich dieser Berufung wohl kaum zu.

Mochte auch bei dem Zugeständnisse dieser Vertretung an die Eisenbahnerorganisationen vielleicht die Rücksichtnahme auf die großen politischen Parteien, von welchen jene Organisationen Bestandteile bilden, mit eine Rolle gespielt haben, so kommen doch die einmal in die Verwaltungskommission berufenen Vertreter des Personales bei den von dieser Kommission nach ihrem streng fachlich abgegrenzten Wirkungskreise zu leistenden Arbeiten nicht als Politiker, sondern nur als Eisenbahnfachmänner, u. zw. als solche Fachmänner in Betracht, die, mit den Verhältnissen und Bedürfnissen des Bundesbahndienstes durch ihre laufende Berufsarbeit wohl vertraut, bei jenen Arbeiten nur nützliche Dienste zu leisten vermögen und nach dem Gesagten auch erwarten lassen.

Sie würden übrigens, wenn sie unerwarteterweise bei ihren Ausführungen in den Beratungen der Verwaltungskommission irgend einen Vorstoß in politischer Richtung unternehmen oder gar Parteikämpfe politischer Natur in diese Beratungen hineintragen wollten, bei den übrigen, die große Mehrzahl bildenden, bei ihrer einschlägigen Arbeit wesentlich nur von wirtschaftlichen Gesichtspunkten geleiteten Mitgliedern dieser Kommission kaum das nötige Gehör finden.

Anders ist in dieser Richtung allerdings, wie schon anläßlich der Besprechung der Inkompatibilitätsfrage kurz darauf hingewiesen wurde, der um vieles weitergehende Einfluß zu werten, den das Personal der Bundesbahnen auf Grund besonderer, noch neben der neuen Bundesbahngesetzgebung gültig gebliebener Dienstvorschriften im Wege seiner, in diesen Vorschriften offiziell geregelten „Vertretungen“ speziell auf die Handhabung des Personalwesens im Dienstbereiche der Bundesbahnen zu nehmen in der Lage ist und der noch einer besonderen Erörterung zu unterziehen sein wird.

Ungleich berechtigter ist dagegen der Vorwurf, der gegen die Bestimmungen des Bundesbahngesetzes über die Zusammensetzung der Verwaltungskommission in der Öffentlichkeit dahin erhoben wurde, daß, wenn für die Berufung von Vertretern des Personales in diese Kommission dessen Zentralausschusse ein weitgehendes Vorschlagsrecht eingeräumt wurde, aus Gründen der notwendigen Gleichberechtigung ein solches Vorschlagsrecht unbedingt auch für die Berufung von Vertretern aus den verschiedenen Wirtschaftsgruppen in die Verwaltungskommission den kompetenten autonomen Körperschaften dieser Gruppen zuzugestehen gewesen wäre, was leider nicht geschehen sei.

Ein in gleichem Sinne auch im Nationalrate bei Beratung des Bundesbahngesetzes gestellter Antrag war von der Regierung mit der Motivierung abgelehnt worden, daß mit Rücksicht darauf, daß die Bundesbahnen nach wie vor Eigentum des Bundes zu bleiben haben, vor allem die Bundesregierung diejenige sein müsse, die auch die Verwaltungskomission ernennt.

Diese Begründung kann nur als wenig stichhältig erachtet werden. Erstlich handelt es sich nicht um ein von der Regierung aus der Hand zu gebendes direktes Ernennungsrecht, sondern um ein bloßes Vorschlagsrecht, das im breitesten Umfange auch für die Berufungen in den bestandenen Staatseisenbahnrat in Geltung stand und bei etwaiger Auferlegung der Verpflichtung zur Erstattung von Ternavorschlägen der Regierung sogar noch eine freiere Bewegung hinsichtlich der Auswahl der von ihr aus den wirtschaftlichen Kreisen in die Kommission zu berufenden Mitglieder gestatten würde. Und zweitens sollte man meinen, daß der Bundesregierung das Bewußtsein nur erwünscht sein müsse, daß die von ihr aus den verschiedenen Wirtschaftsgruppen zur Teilnahme an der Überwachungsarbeit der Verwaltungskommission erwählten Personen auch wirklich von dem Vertrauen ihrer eigenen Berufskreise getragen werden, zumal ja, wie bereits erwähnt wurde, die Verwaltungskommission auch dazu berufen sein soll, der Regierung in grundlegenden Tariffragen nach Art eines Beirates, ihr Gutachten abzugeben.

In letzter Beziehung darf man sich freilich über den Wert der Betätigung der Verwaltungskommission keinen allzu großen Illusionen hingeben.

Den im alten Kaiserstaate bestandenen Staatseisenbahnrat wird die Verwaltungskommission bei solcher Begutachtungsarbeit schon deshalb nie, auch nicht entfernt ersetzen können, da ihr, abgesehen von ihrer eben besprochenen ganz ungenügenden Zusammensetzung, auch alle sonstigen Prämissen für eine offenkundig und unbestreitbar Nutzen bringende Arbeit in dieser Richtung, wie die rechtzeitige, intensive Inanspruchnahme ihrer Mitarbeit, die Veröffentlichung ihrer Beratungen und ihrer beschlossenen Gutachten, das Recht der Einbringung von Initiativanträgen und das Interpellationsrecht etc., durchwegs Prärogativen, die dem Staatseisenbahnrate in reichstem Maße statutarisch gewährleistet waren, nicht zu Gebote stehen.

Da der ehemalige Staatseisenbahnrat seine Begutachtungsarbeit überdies nach seinem Statute weit über das Einzelgebiet des Tarifwesens hinaus auf alle allgemeinen Fragen des Eisenbahnverkehrswesens auszudehnen hatte und namentlich im letzten Dezennium vor Ausbruch des unseligen Weltkrieges in diesen weiten Arbeitsgrenzen eine allgemein anerkannte erfolgreiche Tätigkeit entfaltete, bildet heute die Nichtwiedererrichtung einer ähnlichen Institution, wie sie dieser Staatseisenbahnrat war, eine zweite große und empfindliche Lücke in der Neuorganisation der österreichischen Bundesbahnen.

Als der Staatseisenbahnrat im Jahre 1882, also schon alsbald nach Wiederaufnahme des Staatseisenbahnsystems in Österreich, neu errichtet worden war, wurde seine Schaffung öffentlich damit begründet, daß die Heranziehung von Vertretern des Handels, der Industrie und der Landwirtschaft zur Beratung wichtiger volkswirtschaftlicher Fragen im Bereiche der staatlichen Eisenbahnbetriebsverwaltung eine zweckmäßige Ergänzung der staatlichen Organisation eines ausgedehnteren Bahnkomplexes bilde, indem sie das Mittel biete, im Organismus der Eisenbahnverwaltung selbst unmittelbar die Bedürfnisse der Produktion und des Verkehrs zum Ausdrucke bringen zu lassen, anderseits aber auch nach den beteiligten Kreisen hin aufklärend über die Erfordernisse der Eisenbahnadministration zu wirken.

Der Staatseisenbahnrat, der, von der Organisation des Jahres 1884 angefangen, unmittelbar dem Handelsminister beigegeben war, vermochte wohl bis über das erste Dezennium seines Bestandes hinaus sich keine bedeutendere Geltung zu verschaffen; er fand auch bei den großen Wirtschaftsgruppen, deren Interessenvertretung ihm oblag, im allgemeinen keine lebhaftere Anerkennung seines Wirkens. Der Grund hiefür lag hauptsächlich darin, daß es in dieser Zeit an einem innigeren Kontakte zwischen dem Staatseisenbahnrate und den arbeitenden Fachorganen der Staatseisenbahnverwaltung gebrach, da er bei seiner isolierten Stellung beim Handelsminister regelmäßig nur zweimal im Jahre anläßlich seiner Einberufung zu einer Frühjahrs- und einer Herbstsession mit der unter ihrem Präsidenten einen großen abgeschlossenen, fachlich reich ausgestalteten Dienstkörper bildenden Generaldirektion der österreichischen Staatsbahnen in einen näheren dienstlichen Verkehr einzutreten Gelegenheit hatte.

Dies wurde wesentlich anders, als im Jahre 1896 nach Auflösung der Generaldirektion der österreichischen Staatsbahnen die oberste Leitung der Staatseisenbahnverwaltung in das damals neu errichtete Eisenbahnministerium selbst einbezogen wurde, nachdem von da ab der Staatseisenbahnrat und die Fachorgane der Staatseisenbahnverwaltung in dem Eisenbahnminister ihre gemeinsame unmittelbare Spitze besaßen, so daß nun die Grundlage für ein engeres Zusammenarbeiten beider Faktoren gegeben war.

Zur Tatsache aber wurde dieser innigere Arbeitskontakt erst, als im Jahre 1907 Eisenbahnminister Dr. v. Derschatta, indem er zugleich für den Staatseisenbahnrat unter Ausdehnung des Begutachtungsfeldes desselben auf alle allgemeinen Fragen des Eisenbahnverkehrswesens ein neues, in seinen Einzelbestimmungen in liberaler Weise moderner Auffassung Rechnung tragendes Statut ausarbeitete und noch während seiner Amtsdauer bis zur Vorlage desselben an den Monarchen fertigstellte, bei wiederholten Anlässen unter lebhaftem Beifalle der beteiligten Wirtschaftskreise die Erklärung abgab, daß er bei seiner Amtsführung stets in engster Zusammenarbeit mit dem Staatseisenbahnrate vorzugehen gedenke und dieser Erklärung auch die Tat folgen ließ.

Von dieser Zeit an entwickelte sich, da auch Derschattas Amtsnachfolger dieser Arbeitsweise treu blieben, in der Tat ein reiches, von Session zu Session sich intensiver und erfolgreicher gestaltendes Zusammenarbeiten zwischen den Organen des Eisenbahnministeriums und dem Staatseisenbahnrate, dessen Ergebnisse ebenso der Hebung des heimischen Eisenbahnwesens, wie den allgemeinen volkswirtschaftlichen Interessen zugute kamen. Am Schlusse jeder Session konnte beiderseits mit warmen Worten der Genugtuung Ausdruck gegeben werden, wie sehr es jedesmal durch dieses Zusammenwirken, insbesondere auf Grundlage der gemeinsamen gründlichen Arbeitsleistung in den drei ständigen und manchen Spezialausschüssen des Staatseisenbahnrates, gelang, in wichtigen aktuellen

Verkehrsfragen, so namentlich in Ansehung einer bedeutenden Verbesserung des Zugverkehres und der Zugverbindungen sowie mannigfacher wichtiger, den kommerziellen Betrieb betreffender Probleme, der Allgemeinheit Nutzen bringende Arbeitserfolge zu erzielen.

Erst nach Ausbruch des Weltkrieges kam dieses gedeihliche Zusammenwirken infolge fast völliger Unterbrechung der Tagungen des Staatseisenbahnrates zum Stillstande und konnte dasselbe nach dem Friedensschlusse nicht wieder ins Leben gerufen werden, da durch die Zerstückelung des Kaiserstaates die Einberufungsmöglichkeit des Staatseisenbahnrates in seiner alten, auf das ganze Kaiserreich ausgedehnten Zusammensetzung für immer entfallen war.

Man muß jedoch heute billigerweise anerkennen, daß die innige Zusammenarbeit der Organe der Staatseisenbahnverwaltung mit dem Staatseisenbahnrate, wie sie sich im letzten Dezennium des Kaiserstaates herausgebildet hatte, tatsächlich das Öl war, das die ganze Maschinerie des Staatseisenbahnbetriebes in einem der allgemeinen Volkwirtschaft fördersamen Gange erhielt.

Es wäre daher dringend wünschenswert gewesen, daß bei der jetzigen Neuorganisation der Bundesbahnverwaltung die Wiedererrichtung einer dem alten Staatseisenbahnrate nachgebildeten Institution ins Auge gefaßt worden wäre. Es sollte dies unbedingt noch geschehen; nur müßte ein neu errichteter „Eisenbahnbeirat", um nicht in den seinerzeitigen, einer ersprießlichen Wirksamkeit desselben durch lange Zeit hinderlich im Wege gestandenen Fehler seiner Isolierung zurückzuverfallen, unter den heutigen Organisationsverhältnissen nicht etwa dem Bundesminister für Handel und Verkehr, sondern dem obersten leitenden Funktionär der Bundesbahnverwaltung beigegeben werden.

Von der Bundesbahnverwaltung wurde seit dem Beginne ihrer Geschäftsführung schon wiederholt die Erklärung abgegeben, daß sie gewillt sei, vor der Einführung einschneidenderer Neuerungen beim Betriebe der Bundesbahnen fallweise ein rechtzeitiges Einvernehmen mit den an demselben besonders interessierten wirtschaftlichen Körperschaften zu pflegen und sie hat auch bereits in einigen Fällen wirklich danach gehandelt.

So nützlich und wünschenswert ein solches Vorgehen der Bundesverwaltung bei dem gegenwärtigen Mangel eines ständigen Interessentenbeirates in Eisenbahnsachen auch ist, so bedarf es wohl nicht erst breiterer Ausführungen, um darzutun, wie wenig ein solcher Zustand geeignet erscheint, einen vollgültigen Ersatz für einen dem obersten leitenden Funktionär der Bundesbahnverwaltung *ständig* beizugebenden Eisenbahnbeirat abzugeben.

Es liegt vielmehr wohl für alle Welt klar zu Tage, daß ein auf Grund fester statutarischer Regelung errichteter solcher Beirat, wenn er zu in regelmäßigen Perioden wiederkehrenden und nach Bedarf auch zu außerordentlichen Tagungen zusammenzutreten hat sowie mittels der von ihm niederzusetzenden Ausschüsse fortgesetzt zu einer noch intensiveren Mitarbeit bei der Lösung bedeutenderer Eisenbahnverkehrsfragen herangezogen wird, durch die Berufung seiner Mitglieder aus allen großen heimischen Wirtschaftgruppen unter Zuerkennung eines möglichst freien Vorschlagsrechtes an dieselben, durch die seinen Mitgliedern in liberaler Weise wieder zuzuerkennenden Initiativrechte sowie durch die fortlaufende Publikation seiner Beratungen und Beschlüsse der gesamten Öffentlichkeit weitaus wertvollere Garantien für eine auf die wirtschaftlichen Interessen der Allgemeinheit stets bedachte Geschäftsführung beim Betriebe der Bundesbahnen zu bieten vermag, als dies bei einer bloß fallweisen Befragung der betreffenden Körperschaften der Fall sein kann.

Sir Acworth bringt in seinem Gutachten unter Hinweis auf in Deutschland bestehende ähnliche Einrichtungen auch die Frage der Errichtung von lokalen Eisenbahnräten bei den einzelnen Bundesbahndirektionen zur Sprache. Während er die Errichtung eines zentralen Staatseisenbahnrates im Hinblick auf den Bestand der aus Fachleuten des praktischen Wirtschaftslebens zusammengesetzten Verwaltungskommission für nicht notwendig erachtet, empfiehlt er, die Frage der Errichtung von lokalen Eisenbahnräten bei den Bundesbahndirektionen in ernstliche Erwägung zu ziehen als ein wertvolles Mittel, um einerseits den Eisenbahnen die Wünsche des Publikums zur Kenntnis zu bringen und anderseits die Eisenbahnfachleute in die Lage zu versetzen, dem Publikum die Gründe, warum ihre Wünsche nicht immer erfüllt werden können, zu erklären.

In dieser Hinsicht muß darauf hingewiesen werden, daß auch im bestandenen österreichischen Kaiserstaate die Frage der Aufstellung von „Direktionsbeiräten" bei den einzelnen Staatsbahndirektionen in der Vorkriegszeit nicht bloß bereits einen Gegenstand ernstlicher Erwägung gebildet hatte, um den großen Staatseisenbahnrat von der Menge der von Session zu Session in stetig steigender Anzahl zur Beratung angemeldeten Gegenstände rein lokaler Natur zu entlasten und seine Begutachtungstätigkeit für die in seinen Wirkungskreis fallenden großen Fragen des Eisenbahnverkehrswesens frei zu machen, sondern daß diese Frage zu jener Zeit insoferne auch schon zur Entscheidung gebracht worden war, als ein noch vom Eisenbahnminister v. Derschatta über die Errichtung solcher Direktionsbeiräte ausgearbeitetes Statut bereits die kaiserliche Genehmigung erhalten hatte. Daß dieses Statut bis zum Ausbruche des Weltkrieges nicht in Vollzug gesetzt wurde, findet darin seine Erklärung, daß die auf Derschatta gefolgten Eisenbahnminister samt und sonders durch die Einführung der Institution der Direktionsbeiräte noch eine Vermehrung der ohnehin bereits vorhanden gewesenen großen nationalpolitischen Schwierigkeiten in sprachlicher Hinsicht besorgten und daher trotz in jeder Session aus der Mitte des Staatseisenbahnrates an sie gerichteter Urgenzen diese Einführung unter wenig zutreffenden Vorwänden bis zuletzt verzögerten.

Da es tatsächlich stets eine Menge nur den lokalen Eisenbahnbetrieb betreffender und nur die Interessen der verkehrstreibenden Kreise der einzelnen Direktionsbezirke gemeinsam berührender Fragen gibt, deren Bereinigung sich im Wege periodischer mündlicher Aussprache zwischen dem Bundesbahndirektor und den Interessentengruppen ihres Bezirkes leichter und zweckentsprechender erreichen läßt, als in dem meist langwierigen und oft noch zu Weiterungen führenden Wege des schriftlichen Verkehrs, wäre die Errichtung solcher lokaler Eisenbahnbeiräte bei den einzelnen Bundesbahndirektionen gewiß zu begrüßen.

Nur dürfte durch diese Einführung die noch ungleich wichtigere Wiedererrichtung eines großen zentralen Eisenbahnbeirates, dermalen bei der Generaldirektion der österreichischen Bundesbahnen, nicht verhindert oder auch nur verzögert werden, da dessen für die heimische Volkswirtschaft hochbedeutsame Begutachtungstätigkeit durch die im Geheimen sich abwickelnden Beratungen der zu solchem Zwecke gänzlich ungenügend zusammengesetzten Verwaltungskommission in keiner Weise als ersetzt gelten kann.

d) Der Präsident der Verwaltungskommission. Last not least kommt auf Grund der Bestimmungen des Bundesbahngesetzes auch dieser noch insoferne als eigenes selbständiges Organ der Bundesbahnverwaltung in Betracht, als ihm in diesem Gesetze (§§ 8 und 9) persönlich das ihm eine überragende Einflußnahme auf die Verwaltung der Bundesbahnen ermöglichende Recht zugesprochen wurde, den Generaldirektor, dessen Stellvertreter und die übrigen Mitglieder des Vorstandes vorbehaltlich der Bestätigung der Bundesregierung im Namen der Unternehmung durch Dienstvertrag zu bestellen sowie weiters mit Zustimmung der Regierung und unbeschadet der aus bestehenden Verträgen resultierenden Entschädigungsansprüche gegebenenfalls auch deren Abberufung, sei es aus eigener Initiative, sei es über einen diesfälligen Beschlußantrag der Verwaltungskommission vorzunehmen, während er diese Abberufung seinerseits sogar vorzunehmen verpflichtet ist, wenn es von der Regierung verlangt wird.

Es kann keinem Zweifel unterliegen, daß die Mitglieder des Vorstandes und so insbesondere auch der Generaldirektor durch dieses dem Präsidenten der Verwaltungskommission zustehende, ihre amtliche Berufsstellung aufs tiefste berührende Ernennungs- und Abberufungsrecht ganz unvermeidlich in ein persönliches moralisches Abhängigkeitsverhältnis zu demselben geraten, das mit der Selbständigkeit und Verantwortlichkeit der dem Vorstande durch dasselbe Gesetz übertragenen obersten Geschäftsleitung unleugbar in einem argen Widerspruch steht.

Die öffentliche Kritik wandte sich denn auch sofort, als der Reformplan der Bundesregierung seinerzeit veröffentlicht wurde, mit aller Schärfe gerade gegen die die Art der Bestellung des Generaldirektors und der übrigen Vorstandsmitglieder regelnden und eine dreifache Möglichkeit ihrer Abberufung aussprechenden Bestimmungen des betreffenden Gesetzentwurfes, da man erkennen mußte, daß dieselben nur zu sehr geeignet seien, der wünschenswerten freien und unbeeinflußten Führung der Geschäfte der Bundesbahnverwaltung durch deren Vorstand schwerste Hemmungen zu bereiten. Leider blieb diese Kritik ohne jeden Erfolg; es fanden vielmehr gerade diese Bestimmungen ungeänderte Aufnahme in das vom Nationalrate beschlossene Bundesbahngesetz.

Speziell der Generaldirektor der Bundesbahnen steht infolge der im Bundesbahngesetze festgelegten Art seiner Bestellung durch den Präsidenten der Verwaltungskommission hinsichtlich des Maßes seiner Unabhängigkeit von höheren Einflüssen selbst hinter derjenigen Stellung erheblich zurück, die in dieser Hinsicht die Generaldirektoren der großen österreichischen Privateisenbahngesellschaften innehatten, ungeachtet deren Wirkungskreis nach den Gesellschaftsstatuten nur in der Durchführung der von ihrem vorgesetzten Verwaltungsrate, als dem Vorstande der Gesellschaft gefaßten Beschlüsse bestand und darüber hinaus durch die ihnen von letzterem erteilten Vollmachten begrenzt war.

Die allgemein bekannte große Unabhängigkeit der Generaldirektoren der Privateisenbahnen hatte hauptsächlich darin ihre Grundlage, daß dieselben ihre Berufung keineswegs persönlich vom Präsidenten des Verwaltungsrates erhielten, sondern daß ihre Ernennung durch Beschluß des Gesamtverwaltungsrates zu erfolgen hatte, woraus für sie der von ihnen stets festgehaltene Standpunkt erwuchs, daß sie für ihre Geschäftsführung keinem einzelnen Mitgliede des Verwaltungsrates und so auch nicht dem Präsidenten des letzteren, sondern nur der Gesamtheit des Verwaltungsrates verantwortlich seien. Es kamen in der Zeit der Privatbahnära auch in der Tat Fälle vor, wo ein Generaldirektor die notwendige Stütze für seine Geschäftsführung in der Majorität des Verwaltungsrates selbst gegen eine augenblickliche Stimmung des Verwaltungsratspräsidenten fand.

Indem die Generaldirektoren übrigens den ihnen anvertrauten Geschäftsbetrieb nach rein privatwirtschaftlichen Grundsätzen zu leiten hatten und daher stets darauf bedacht waren, ihre ganze Geschäftsführung in voller Übereinstimmung mit dem einmütigen Bestreben ihres in homogenster Weise nur aus Aktionären der Gesellschaft gebildeten Verwaltungsrates auf die Erzielung einer möglichst hohen Rentabilität des ihnen anvertrauten Bahnunternehmens einzustellen, konnten dieselben, von dem Vertrauen ihres Verwaltungsrates getragen, bei ihrem fachlichen Wirken sich regelmäßig der größten Selbständigkeit erfreuen.

Vom Standpunkte des hohen Interesses, das die Bundesregierung naturgemäß an der Sicherung einer klaglosen, auch den staatlichen Bedürfnissen Rechnung tragenden obersten Geschäftsführung bei den Bundesbahnen zu nehmen hat, würde es als das nächstliegende und einfachste erschienen sein, die Ernennung des Generaldirektors und der übrigen Vorstandsmitglieder in gleicher Weise, wie dies im Gesetze schon für den Posten des Präsidenten der Verwaltungskommission vorgesehen wurde, ganz der Bundesregierung vorzubehalten, statt die ihr in dieser Richtung nötig erschienene staatliche Einflußnahme bloß im Wege eines der Regierung vorbehaltenen Bestätigungsrechtes zu wahren.

Wenn man aber davon absehen zu müssen glaubte, um wenigstens in einem Teile der in Frage kommenden wichtigsten Personenfragen, die der Welt angekündigte Selbständigstellung der neu errichteten Unternehmung „Österreichische Bundesbahnen“ stärker in die Erscheinung treten zu lassen, so wäre doch, um dem Generaldirektor und den übrigen Vorstandsmitgliedern von vorneherein eine größere Gewähr für die Unabhängigkeit ihrer Stellung zu bieten, statt deren Ernennung persönlich durch den Präsidenten der Verwaltungskommission vornehmen zu lassen, unbedingt anzuordnen gewesen, daß deren Bestellung durch Beschluß der ganzen Verwaltungskommission, vorbehaltlich der Zustimmung der Bundesregierung, zu erfolgen habe.

Ein bei der Beratung des Bundesbahngesetzes im Nationalrate von sozialdemokratischer Seite beiläufig in diesem Sinne gestellter Antrag war von der Majorität des Hauses abgelehnt worden.

Noch viel bedenklicher als die eben besprochene Bestimmung des Bundesbahngesetzes über die Art der Bestellung des Generaldirektors und der übrigen Vorstandsmitglieder erscheinen die Anordnungen dieses Gesetzes über die auf dreifachem Wege jederzeit mögliche Abberufung dieser Funktionäre durch den Präsidenten der Verwaltungskommission.

Es sind die Gründe nicht erfindlich, die es im gegenwärtigen Falle gerechtfertigt erscheinen ließen, mit einer gegenüber ähnlich hochgestellten, auf wichtigen öffentlichen Vertrauensposten befindlichen Persönlichkeiten bisher nie und nirgends üblich gewesenen gesetzlichen Ankündigung ihrer jederzeitigen Absetzungsmöglichkeit vorzugehen, zumal die einschlägigen Rechtsverhältnisse doch in vollkommen ausreichender Weise in den betreffenden Dienstverträgen geregelt werden konnten.

Die diesfälligen Bestimmungen des Bundesbahngesetzes sind ganz besonders geeignet, die nach diesem Gesetze, wie bereits erörtert wurde, ohnedem nur wenig machtvolle Stellung speziell des Generaldirektors tatsächlich in ihrer Bedeutung noch um ein erhebliches tiefer herabzudrücken.

8. **Die gegen die Durchführung der neuen Dienstorganisation gleich anfänglich hervorgetretenen Hindernisse und zur Überwindung derselben in Abweichung von den gesetzlichen Bestimmungen getroffenen Maßnahmen.** Die Folgen der schweren Fehler, die nach dem Gesagten den Bestimmungen des Bundesbahngesetzes über die dienstliche Stellung der zur obersten Leitung des Bundesbahnbetriebes berufenen Funktionäre und über deren dienstliche Beziehungen zu einander anhaften, traten denn auch, wie der weitere Verlauf der Begebenheiten es zeigte, sofort in unliebsamster Weise in die Erscheinung, als die Bundesregierung schon alsbald nach Verlautbarung des Bundesbahngesetzes und zugehörigen Statutes die ersten Schritte zur Durchführung der neuen Dienstorganisation der Bundesbahnen unternahm.

In Übereinstimmung mit den allgemein lautgewordenen Wünschen war das Bestreben der Regierung zuvörderst dahin gerichtet, für die beiden nach dem Bundesbahngesetze in Betracht kommenden obersten Posten der neuen Dienstorganisation, nämlich für denjenigen des Präsidenten der Verwaltungskommission und jenen des Generaldirektors, neue Männer zu gewinnen, die durch ihre in öffentlichen Berufsstellungen bereits erprobte Fachtüchtigkeit und kraftvolle Energie für eine stets zielsichere oberste Führung der Verwaltungsgeschäfte der österreichischen Bundesbahnen die nötige Gewähr zu bieten vermögen.

Für den gesetzlich mit keiner persönlichen Verantwortlichkeit belasteten, doch infolge der ihm durch das Bundesbahngesetz zugesprochenen Befugnisse machtvollen Posten des Präsidenten der Verwaltungskommission gelang es der Bundesregierung eine jener prominenten Persönlichkeiten zu gewinnen, auf die, als besonders geeignet für die Aufgabe der Sanierung des Bundesbahnbetriebes, schon in der Öffentlichkeit hingewiesen worden war, indem sich der bereits an einer Reihe großer Industrien zum Teile in hervorragender Stellung als Präsident oder Generaldirektor der betreffenden Unternehmungen beteiligte Dr. techn. Ing. Georg Günther nach gepflogenen Verhandlungen bereit erklärte, diesen Posten zu übernehmen.

Dagegen schlug die Bemühung, auch für den Posten des Generaldirektors der österreichischen Bundesbahnen eine geeignete, den oben angeführten Anforderungen entsprechend hochqualifizierte Fachkraft zu finden, die bereit wäre, diesen trotz gesetzlich auferlegter Verantwortlichkeit nur mit ungenügender Machtvollkommenheit ausgestatteten Posten freiwillig auf sich zu nehmen, vollkommen fehl, so daß es fraglich wurde, ob überhaupt und wann es möglich sein werde, die gesetzlichen Bestimmungen über die Neuorganisation der Bundesbahnverwaltung in ihrem vollen Umfange und in allen ihren Details in Vollzug zu setzen.

Die endliche Inangriffnahme der Reformarbeiten zur Sanierung des Bundesbahnbetriebes ließ aber absolut keinen weiteren Aufschub zu und so nahm der neu berufene Präsident der Verwaltungskommission, mit offenbarer Billigung der Regierung bzw. wohl über Wunsch derselben, auch noch persönlich die unmittelbare selbständige Leitung der Betriebsunternehmung „Österreichische Bundesbahnen“ in seine Hand.

Bei solchem Stande der Dinge bereitete dann die Besetzung des nunmehr vollkommen in die zweite Linie gerückten und des größten Teiles seiner gesetzlichen Verantwortlichkeit faktisch entkleideten Postens des Generaldirektors durch den zu dieser Ernennung gesetzlich berufenen Präsidenten der Verwaltungskommission keine unüberwindliche Schwierigkeit mehr. Diese Stelle wurde dem bis dahin in erprobter Weise auf dem leitenden Posten des Vorstandes der Bundesbahndirektion Innsbruck gestandenen Ingenieur Hans Siegmund übertragen, der, im aktiven Dienste befindlich, einer solchen, ihn ehrenden Berufung keinen Widerstand entgegensetzen konnte.

Der auf diese Weise in oberster Linie neu geordnete Dienst trat mit 1. Oktober 1923 ins Leben.

Der Präsident der Verwaltungskommission beteiligt sich seither mit maßgebendem Einflusse selbst an Sitzungen des Vorstandes, er führt persönlich entscheidende, von der Unternehmung nach außen hin zu pflegende Verhandlungen, ja er führte erst in jüngster Zeit sogar selbständig Unterhandlungen mit ausländischen Finanzkräften über ein von denselben den Bundesbahnen zu Investitionszwecken zu gewährendes großes Anlehen und er ist es, der namens der Unternehmung wichtige, für die Öffentlichkeit bestimmte Mitteilungen, insbesondere solche programmatischer Natur, an das Publikum hinausgibt.

Bereits am 28. Jänner 1924 vermochte er persönlich in einem im Ingenieur- und Architektenvereine vor einem zahlreichen Auditorium gehaltenen ausführlichen Vortrage die durch ein einmütiges Zusammenarbeiten aller Organe unter seiner Führung bereits erzielten Verbesserungen und Erfahrungen darzulegen und sein Programm über die noch weiters in verschiedenen Zweigen des Dienstes vorzunehmenden Reformen zu entwickeln, indem er am Schlusse seiner Ausführungen zugleich allen seinen Mitarbeitern im Vorstande, in der Generaldirektion und in allen Stellen der Exekutive für ihre tatkräftige Mitwirkung an dem Reformwerke seinen Dank aussprach.

Und in mehrfachen, seither durch die Presse veröffentlichten Enunziationen konnte die neue oberste Dienstführung, rückblickend auf ihre bereits geleistete Arbeit, auf die zahlreichen Reformen und Ersparungsmaßnahmen hinweisen, welche in einer Reihe von Dienstzweigen, so namentlich bei der Materialbeschaffung, dann hinsichtlich des Werkstättendienstes, des Verkehrseinnahmen- und Rückvergütungsdienstes sowie des Verrechnungswesens in ernster, rastloser Arbeit mit Erfolg durchgeführt wurden.

Die Bundesregierung war ihrerseits, indem sie eine solche tatsächliche Ordnung des Dienstes zuließ, ja offenbar selbst die Hand zu derselben bot, nur der von vielen Seiten lebhaft vertretenen Auffassung gefolgt, daß es sich bei der ungeheueren Dringlichkeit des Sanierungswerkes empfehle, anstatt sich mit einer schwierig gewordenen Durchführung einzelner gesetzlich vorgeschriebener Organisationsmaßnahmen aufzuhalten, alles Streben in erster Linie darauf zu richten, daß, dem englischen Worte: men not measures entsprechend, für die oberste Leitung des neuen Unternehmens ein richtiger Mann gefunden werde.

Ein solcher war nun wohl von der Regierung dem Unternehmen „Österreichische Bundesbahnen“ gewonnen worden; aber nach den für dieses Unternehmen durch das neue Bundesbahngesetz geschaffenen, im vorstehenden ausführlich besprochenen Organisationseinrichtungen war der Posten nicht vorhanden, der denselben in den Stand setzen konnte, seine Kräfte in selbständig leitender Stellung ganz mit Aussicht auf Erfolg der so dringlich gewordenen Aufgabe der Sanierung des Bundesbahnbetriebes zu weihen.

Indem die Bundesregierung in Erkenntnis dieser Sachlage letzten Endes zu dem Entschlusse kam, es zuzulassen, daß weit über die Schranken des eben erst erlassenen Bundesbahngesetzes hinaus die oberste Leitung des Bundesbahnbetriebes via facti ganz in die Hände dieser Persönlichkeit gelegt werde, konnte sie sich jetzt sagen, daß sie sich durch diese Maßnahme nunmehr nicht nur in wesentlicher Übereinstimmung mit den in weiten Kreisen lautgewordenen Wünschen, sondern insbesondere auch mit der Auffassung befinde, die der englische Gutachter Sir Acworth schon in seiner wiederholt erwähnten, dem Generalkommissär Dr. Zimmermann zum Gesetzentwurfe über die Reform der österreichischen Bundesbahnen überreichten Denkschrift und noch ausführlicher und entschiedener in seinem fertiggestellten Gutachten aussprach, indem auch er das Wesen einer wirklich auf kaufmännischen Grundsätzen aufgebauten Organisation dahin charakterisierte, daß es bei solcher wirklich kaufmännischer Organisation vor allem darauf ankomme, daß die gesamte oberste Geschäftsleitung in nur einem Amte vereinigt werde, an dessen Spitze ein einziger leitender Kopf die Führung in seinen Händen habe, der, für seine Person einem Verwaltungsrate verantwortlich, von einem sachkundigen ihm unterstehenden, von ihm die Befehle erhaltenden und ihm verantwortlichen Beamtenkörper unterstützt wird.

Unleugbar begegnete die nun wirklich gemäß dieser Auffassung neu geordnete oberste Dienstführung bei den Bundesbahnen in der Öffentlichkeit bisher allgemeiner Sympathie und Billigung. Es sind heute weite an dem Eisenbahnbetriebe näher interessierte Kreise in

Würdigung der durch das tatkräftige Wirken der neuen obersten Geschäftsführung schon in kurzer Zeit erzielten Erfolge von der Hoffnung beseelt, daß bei zielbewußter Fortarbeit auf dem eingeschlagenen Wege es bereits in absehbarer Zeit gelingen werde, wenn auch vielleicht nicht schon eine völlige, dauernde Sanierung, so doch gewiß eine bedeutende Besserung der finanziellen Lage der Bundesbahnen zu erzielen.

9. Kurze ziffernmäßige Zusammenstellung der durch die bisherige Sanierungsarbeit der Bundesbahnverwaltung für den Bundeshaushalt erzielten Ersparnisse. Wie bereits bemerkt wurde, berechnete Sir Acworth, daß die gänzliche Beseitigung des auf den Bundesbahnen lastenden Betriebsabganges, wenn allen in seinem Gutachten vorgeschlagenen Reform- und Ersparungsmaßnahmen Rechnung getragen werde, in beiläufig zwei bis drei Jahren erreicht werden könnte.

Im Voranschlage für das Jahr 1923 war der Betriebsabgang mit 1318 Milliarden Kronen veranschlagt; tatsächlich belief sich der allerdings noch nicht endgültig abgerechnete Betriebsabgang auf 1100 Milliarden oder, wenn die Verkehrssteuer im Betrage von 650 Milliarden in Abschlag gebracht wird, auf 450 Milliarden Kronen. Da sich im gleichen Jahre bei der erst am 1. Jänner 1924 in den Bundesbahnbetrieb übergegangenen Südbahn ein Betriebsabgang von rund 285 Milliarden ergab, dem eine Verkehrssteuereinnahme von rund 195 Milliarden gegenüberstand, so daß sich bei der Südbahn ein Reinverlust von rund 90 Milliarden ergab, resultiert für beide Bahnen, die im Jahre 1924 schon gemeinsam verrechnet wurden, ein reiner Betriebsabgang von rund 540 Milliarden Kronen. Außerdem hat der Bund im letzten Quartal 1923 der Unternehmung „Österreichische Bundesbahnen“ einen Pensionsbeitrag von rund 47 Milliarden Kronen geleistet, so daß sich der gegenständliche Betriebsabgang auf 587 Milliarden erhöht.

Nach denselben Grundsätzen ergibt sich für das Jahr 1924 unter Berücksichtigung der Überlassung der Eisenbahnverkehrssteuern an die Unternehmung ein voranschlagsmäßiger Betriebsabgang von nur mehr 14 Milliarden Kronen, demgegenüber das schließliche Betriebsergebnis keine wesentliche Abweichung aufweisen dürfte. Für das Jahr 1925 ist im Bundesvoranschlag überhaupt kein derartiger Reinverlust mehr vorgesehen, da der immerhin mit 225 Milliarden veranschlagte Betriebsabgang mit einer gleich hoch veranschlagten Verkehrssteuereinnahme kompensiert wird.

In den obigen Ziffern sind die vom Bunde den Bundesbahnen zugewendeten Beträge für Investitionszwecke, um welche sich die Belastung des Bundes durch die Bundesbahnen selbstverständlich erhöht, nicht berücksichtigt. An derartigen wertvermehrenden Aufwendungen wurden im Jahre 1923 rund 600 Milliarden verausgabt;

für das Jahr 1924 waren 508, für das Jahr 1925 sind 394 Milliarden Kronen im Bundesvoranschlag vorgesehen.

Allerdings muß man, um bei Beurteilung dieser Ziffern nicht irre zu gehen, im Auge behalten, daß die auf solche Weise erreichte Beseitigung des Betriebsdefizites nur, soweit es sich um dabei wirklich erzielte Ersparnisse handelt, auch der Sanierung des ganzen Bundeshaushaltes, um die es sich eigentlich handelt, zugute kommt, nachdem die von Sir Acworth zur Gesundung des Bundesbahnbetriebes als notwendig vorgeschlagenen und in den vorbesprochenen Voranschlägen und Jahresrechnungen befolgten Maßnahmen zum großen Teile nur auf die Beseitigung einer nicht gerechtfertigten Belastung dieses Betriebes durch Auslagen abzielen, die ordnungsmäßig anderen staatlichen Verwaltungszweigen zur Last zu fallen haben und daher auf anderen Kontis zu verrechnen sind, aber doch nach wie vor den Bundeshaushalt belasten.

Zur ziffernmäßigen Illustrierung des Gesagten sei darauf hingewiesen, daß nach dem Bundesvoranschlage für das Jahr 1925 der Bund in diesem Jahre — abgesehen von der bereits erwähnten Belastung durch Investitionsausgaben (394 Milliarden Kronen) und dem Verzichte auf die Verkehrssteuer (225 Milliarden Kronen) — noch mit folgenden Zahlungen zugunsten der Bundesbahnen, die in den früheren Jahren von letzteren selbst getragen wurden, belastet sein wird:

Als Beitrag zu den Pensionen der Altpensionisten der Bundesbahnen und der Südbahn	402 Milliarden K
als Vergütung für die Postbeförderung	60 „ „
als Vergütung für die den Bundesbediensteten gewährten Fahrbegünstigungen	10 „ „
Es ergibt sich somit für das Jahr 1925 noch eine Belastung des Bundeshaushaltes durch Zuwendungen an die Bundesbahnen in der Höhe von zusammen	472 Milliarden K,

so daß sich die dem Bundeshaushalte für das Jahr 1925 durch die bisherige Sanierungsarbeit der Bundesbahnverwaltung einschließlich der Südbahn zugute kommende Ersparnis gegenüber dem im Jahre 1923 vom Bunde geleisteten Betriebszuschusse per 587 Milliarden Kronen im ganzen nur mit 115 Milliarden Kronen beziffert.

Wird durch die von den beiden Gutachtern beantragten und von der neuen Geschäftsleitung großenteils bereits in die Wege geleiteten und geförderten Sanierungsmaßnahmen das Betriebsdefizit der Bundesbahnen wirklich dauernd beseitigt sein, so wird der erste und dringendste Teil der ganzen, einer vollen Gesundung des Bundesbahnbetriebes zuzuwendenden Arbeit vollzogen und wenigstens das eine erreicht sein, daß dem auf die Bundesbahnverwaltung schwer drückenden, fast schon zum Schlagworte gewordenen Vorwurfe, die Unwirtschaft bei den Bundesbahnen sei die fast alleinige Ursache der finanziellen Notlage des Bundesstaates dergestalt, daß das Problem der Sanierung der Bundesbahnen und dasjenige der Sanierung des

Bundeshaushaltes nahezu identische Aufgaben darstellen, für die Zukunft der Boden entzogen sein wird.

Es werden dann auch die zu Zeiten schon deutlich vernehmlich gewordenen Unkenrufe endgültig verstummen müssen, die, die Situation der Bundesbahnen als unhaltbar und dem Untergange geweiht darstellend, dahin ausklangen, daß dieselben sich durch eigene Kraft nicht mehr von dem Tiefstande, in den sie geraten waren, vollkommen zu erheben vermögen und nur mehr durch helfendes Einspringen fremden Kapitals gerettet werden könnten.

10. Die sich für die oberste Leitung des Dienstes bei den Bundesbahnen aus dem schroffen Gegensatze der tatsächlichen Neuordnung dieses Dienstes zu den einschlägigen Bestimmungen des Bundesbahngesetzes ergebenden schweren Unzuträglichkeiten und die zwingende Notwendigkeit der neuerlichen Beschreitung des Gesetzgebungsweges zu deren Beseitigung. Die im vorstehenden geschilderte, von den Bestimmungen des Bundesbahngesetzes weit abweichende Einrichtung des Dienstes bei der Betriebsverwaltung der Bundesbahnen währt nun bereits länger als anderthalb Jahre; dieselbe hat sich während dieser Zeit ihres Bestandes bereits so fest eingelebt, daß die anderes anordnenden Bestimmungen des Bundesbahngesetzes fast völlig der Vergessenheit anheim gefallen zu sein scheinen.

Die lapidare Anordnung des § 6 des Bundesbahngesetzes, lautend: „Die österreichischen Bundesbahnen werden von einem Vorstande geleitet. Dieser vertritt die Unternehmung gerichtlich und außergerichtlich," ist bei Seite gestellt und Dr. Günther, der von der Bundesregierung ernannte Präsident der Verwaltungskommission, wird, entsprechend der tatsächlich von ihm allein übernommenen und besorgten obersten Leitung des Dienstes, allseits und so insbesondere auch von der Bundesregierung, selbst in amtlichen Enunziationen, wie auch in der gesamten Tagespresse, schlechtweg „der Präsident der österreichischen Bundesbahnen" genannt.

Ungeachtet aller bisher erzielten günstigen Sanierungsfortschritte kann jedoch diese bei der Bundesbahnverwaltung heute tatsächlich bestehende, mit den geltenden Gesetzesbestimmungen im hohen Grade nicht im Einklange befindliche Einrichtung des Dienstes selbstverständlich unmöglich bereits als die so sehr erwünschte endgültig glückliche Lösung des schon so lange schwebenden Problems der Reform der Bundesbahnen gewertet werden.

Besonders grell trat das vielmehr noch immer Ungesunde und Unhaltbare auch dieser heutigen Verhältnisse gelegentlich des vor wenig Monaten überwundenen allgemeinen Streiks der Bundesbahnangestellten zu Tage. Es zeigte sich bei diesem Anlasse, auf welch schwankendem Grunde die ganze heutige Dienstführung bei den Bundesbahnen ruht und wie bereits ein geringer Anstoß genügt, um diese einer festen gesetzlichen Grundlage entbehrende Dienstführung in arge Verwirrung zu bringen und dieselbe sogar der Gefahr des Ausbruches chaotischer Verwaltungszustände auszusetzen.

Die schwierigen Verhandlungen, die wegen Beilegung des Streiks mit den denselben leitenden gewerkschaftlichen Organisationen der Bundesbahnbediensteten gepflogen werden mußten, wurden weniger von dem nach dem Bundesbahngesetze hiezu berufenen Vorstande des Unternehmens, als vielmehr fast ausschließlich von dem Präsidenten der Verwaltungskommission Dr. Günther persönlich mit Unterstützung einzelner Direktoren der Generaldirektion geführt.

Als diese Verhandlungen in einem gegebenen Momente zu scheitern drohten, bot Dr. Günther der Regierung seinen Rücktritt an, u. zw. nicht bloß von der von ihm über die Bestimmungen des Bundesbahngesetzes hinaus und gegen dieselben übernommenen obersten Leitung des Dienstes, sondern auch von seiner ursprünglichen Stellung als Präsident der Verwaltungskommission, obwohl der im Bundesbahngesetze scharf abgegrenzte Wirkungskreis dieser Kommission durch den Streik und durch die aus demselben erwachsenen Schwierigkeiten auch nicht im entferntesten berührt erschien.

Und nun griff die Verwirrung dadurch noch weiter um sich, daß sich dieser Rücktrittserklärung Dr. Günthers, die bekanntlich auch den äußeren Anstoß zu dem Gesamtrücktritte des von dem Bundeskanzler Dr. Seipel geführten Kabinettes abgab, auch noch die sämtlichen übrigen von der Regierung frei ernannten Mitglieder der, wie gesagt, durch den Streik in ihrem Wirken gar nicht berührten Verwaltungskommission anschlossen.

Die Verwaltungskommission bestand hierauf nur mehr aus den drei dem aktiven Personalstande der Bundesbahnen angehörigen Mitgliedern, die, obgleich sie nur einen kleinen Rumpf dieser Kommission bildeten, offensichtlich die Neigung zeigten, unter der Führung eines als gewählter Vizepräsident in der Kommission verbliebenen Lokomotivführers die Funktionen der gesamten Verwaltungskommission und ihres demissionierten Präsidenten weiterzuführen.

Diese verworrene Lage der Dinge wurde noch rechtzeitig dadurch geebnet, daß es den Bemühungen des Präsidenten Dr. Günther, der auch noch „in statu demissionis“ bereitwillig die Verhandlungen mit den Organisationen weiterführte, denn doch gelang, mit den letzteren alsbald einen den Streik beendenden Ausgleich zu treffen.

Durch das Zustandekommen des letzteren war die Bundesregierung in die Lage versetzt worden, über die Annahme oder Nichtannahme der ihr überreichten und nun wieder zurückgezogenen Rücktrittsanerbieten der Verwaltungskommissionsmitglieder und ihres Präsidenten nicht mehr entscheiden zu müssen. Von dem als Nachfolger Dr. Seipels neu berufenen Bundeskanzler Dr. Ramek wurde speziell der in seine Stellung zurückgekehrte Präsident Dr. Günther ausdrücklich des fortgesetzten Vertrauens der Bundesregierung versichert, was wohl dahin aufzufassen ist, daß auch die neue Bundesregierung denselben in seinen weit über die Bestimmungen des Bundesbahngesetzes hinausreichenden leitenden Funktionen tatsächlich zu belassen und auch weiterhin regierungsseitig zu decken gewillt ist.

Wenn nun auch nach Wiedereinrenkung dieser kritisch gewordenen Situation die von der Bundesbahnverwaltung seit der Neuordnung ihres Dienstes erfolgreich begonnene und geförderte Sanierungsarbeit mit günstigem Ausblicke auch für die weitere Zukunft ihren ungestörten Fortgang nehmen kann, so ist es doch anderseits unmöglich, auf die Dauer über die Tatsache und die Erkenntnis hinweg zu kommen, daß durch die fragliche Neuordnung bei der Unternehmung „Österreichische Bundesbahnen" in dienstorganisatorischer Beziehung eine Situation geschaffen wurde, die sich im allerschroffsten Gegensatze zu den Bestimmungen des erst vor weniger als zwei Jahren mühsam zustande gebrachten Bundesbahngesetzes und zugehörigen Statutes befindet, so daß nach verschiedenen wesentlichen Richtungen des Dienstes hin, nicht wenige jetzt gesetzlich festgelegte Anordnungen weder ihrem Wortlaute, noch ihrem Geiste nach zur Ausführung gebracht werden können.

Infolge dieses Widerstreites der tatsächlichen Neuordnung der obersten Geschäftsleitung bei den Bundesbahnen mit den einschlägigen Bestimmungen des Bundesbahngesetzes ergeben sich insbesondere eine Reihe hochernster Fragen, deren gründlicher Prüfung und Beantwortung man sich unmöglich auf die Dauer wird entschlagen können.

So frägt es sich vor allem, ob es denkbar ist, daß die auf Grund dieses Gesetzes errichtete Verwaltungskommission der ihr gestellten, in der Überwachung der Geschäftsführung der österreichischen Bundesbahnen bestehenden Hauptaufgabe noch mit der nötigen Unbefangenheit nachzukommen vermag, wenn ihr eigener Vorsitzender es ist, der die von ihr zu überwachende Geschäftsleitung persönlich in seinen Händen hält, ob sie nicht vielmehr mit der von ihr bei solchem Stande der Dinge nicht mehr erfüllbaren Hauptaufgabe förmlich an die Luft gesetzt wird?

Und es frägt sich daher, ob es überhaupt als mit einer geordneten Geschäftsführung vereinbarlich erkannt werden kann, daß die im Gesetze naturgemäß strenge auseinandergehaltenen Funktionen der verantwortlichen obersten Leitung des Unternehmens und des Vorsitzes in der zur Überwachung dieser Leitung berufenen Verwaltungskommission von ein und derselben Persönlichkeit kumulativ ausgeübt werden, zumal die Verwaltungskommission nach dem Gesetze sogar dazu berufen ist, der verantwortlichen Leitung des Unternehmens die Entlastung bezüglich der Jahresrechnungen zu erteilen?

Es frägt sich weiters, ob eine solche wesentliche, die gesetzlichen Verantwortlichkeiten völlig verschiebende tatsächliche Andersgestaltung der obersten Geschäftsführung bei den Bundesbahnen nicht etwa gegen die auf Grundlage des Bundesbahngesetzes in das Handelsregister vorgenommene Protokollierung des Unternehmens „Österreichische Bundesbahnen" als selbständiger Kaufmann sowie gegen die mit den bezüglichen Eintragungen der Außenwelt gerichtlich zur Wissenschaft gebrachten Rechtslagen verstößt und ob, wenn dies der Fall wäre, der Zulassung der tatsächlich vorgenommenen Andersgestaltung der obersten Dienstesführung durch die Bundesregierung nicht notwendigerweise die Abänderung der den handelsgerichtlichen Eintragungen zugrunde gelegenen Bestimmungen des Bundesbahngesetzes voranzugehen gehabt hätte?

Es frägt sich, ob erwartet werden kann, daß dem dem Bundesbahngesetze anhaftenden schweren Fehler der mangelnden Vorsorge für eine strenge Einheitlichkeit der obersten Geschäftsführung bei den Bundesbahnen gründlicher und sicherer abgeholfen wird, wenn diese oberste Leitung des Dienstes, anstatt mit derselben einen gegen feste Besoldung in dauernder Berufsstellung stehenden hohen Funktionär zu betrauen, in die Hände einer Persönlichkeit gelegt wird, die sich dieser schweren, die ununterbrochen fortdauernde Arbeitskraft eines ganzen Mannes in Anspruch nehmenden Aufgabe vermöge noch anderweitiger von ihr bekleideter Stellungen nur zeitweise zu widmen vermag, aus diesem Grunde dem Unternehmen der Bundesbahnen nur in einer unbesoldeten Ehrenstellung gewonnen werden kann und in dieser ihrer Ehrenstellung von vorneherein von drei zu drei Jahren der Erneuerung mit allen ihren Fährlichkeiten unterworfen ist?

Und es frägt sich auch umgekehrt, ob es einem seines Könnens vollbewußten tatkräftigen Manne zugemutet werden kann, seine Kräfte dauernd der Leitung eines Unternehmens zu weihen, wenn er sich bei jedem Schritte selbständigen Eingreifens sagen muß, daß ihm eine ihn hiezu berechtigende gesetzliche Autorisation nicht zur Seite steht, sein diesfälliges Wirken vielmehr direkt gegen gesetzlich anders festgelegte Kompetenzen verstößt, so daß er seine Machtstellung, die bloß in der tatsächlichen Zulassung durch die die Geschicke des Bundes jeweilig leitenden obersten Staatsorgane ihre Stütze hat, nur so lange auszuüben vermag, als diese Zulassung währt und nicht bedeutendere Widerstände sich seinem Wirken entgegenstellen?

Es frägt sich weiters, ob bei der schon erwähnten Kumulierung der obersten Leitung des Großbetriebes der Bundesbahnen mit einer intensiven Betätigung an der Verwaltung einer Reihe großer Industrien die betreffende Persönlichkeit auch bei nicht anzuzweifelnder größter Lauterkeit des Charakters nicht doch der imminenten Gefahr von Verdächtigungen ausgesetzt wird, zumal wenn auch die Bestellung des die Materialbeschaffung leitenden Direktors als Vorstandsmitglied nach den Bestimmungen des Bundesbahngesetzes in seine Hände als Präsident der Verwaltungskommission gelegt ist?

Die Bundesregierung wurde vom Nationalrate gelegentlich der Annahme des Bundesbahngesetzes durch denselben in einer von ihm beschlossenen Resolution aufgefordert, bei der Auswahl der von ihr in die Verwaltungskommission der Unternehmung „Österreichische Bundesbahnen" zu entsendenden Persönlichkeiten darauf Bedacht zu nehmen, daß niemand in diese Kommission entsendet werde, der an einer Geschäftsverbindung mit dem Unternehmen Interesse besitzt, daß demgemäß insbesondere leitende Funktionäre von Banken und Industrien, die mittelbar oder unmittelbar an Lieferungen an die Bundesbahnen erheblich interessiert sind, wegen Inkompatibilität von einer Berufung in die Verwaltungskommission auszuschließen sind.

Geht auch diese Inkompatibilitätsforderung des Nationalrates speziell bezüglich der Berufung zur Mitgliedschaft in der Verwaltungskommission, deren Hauptaufgabe nur in der nachträglichen Überwachung der Geschäftsführung bei den Bundesbahnen besteht, vielleicht etwas weit, so daß der Bundeskanzler sich berechtigt fühlen konnte, im Nationalrate schon alsbald, ohne auf Widerspruch zu stoßen, eine Erklärung dahin abzugeben, daß die Bundesregierung bei der Zusammenstellung der ihr zu einer Berufung in die Verwaltungskommission besonders geeignet erschienenen Persönlichkeiten im Hinblicke auf die hiebei im Auge zu behaltenden wichtigeren Ziele an dem strengen Wortlaute der fraglichen Resolution nicht festzuhalten vermochte, so muß doch zweifellos der volle Ernst dieser nach vorliegenden Veröffentlichungen auch in anderen Staaten hochgehaltenen Inkompatibilitätsforderung im Interesse der vor aller Welt unbedingt aufrecht zu erhaltenden, auch vor der bloßen entfernten Möglichkeit einer Schädigung zu bewahrenden öffentlichen Moral gegenüber solchen Persönlichkeiten gelten, die auf die Leitung der Geschäfte bei den österreichischen Bundesbahnen einen erheblichen oder gar bestimmenden Einfluß zu nehmen in der Lage sind.

Die Beantwortung aller vorstehend aufgeworfenen Fragen kann, rein organisch und nur in abstracto ohne jede Rücksicht auf ihr Zutreffen auf bestimmte Personen gedacht, kaum zweifelhaft sein.

Damit ergibt sich aber die zwingende Notwendigkeit, den in seinen Wirkungen zu so unhaltbaren Zuständen führenden Widerstreit zwischen den erlassenen gesetzlichen Bestimmungen und den zu einem Großteile von denselben völlig abweichenden Durchführungsmaßnahmen durch entsprechende gesetzliche Vorkehrungen ehestens wieder aus der Welt zu schaffen.

11. Die Institution der „Personalvertretung" und deren bisher mangelnde Eingliederung in die Dienstorganisation der Bundesbahnen. Eine ganz

besondere Betrachtung muß schließlich noch von rein organisatorischem Standpunkte aus in streng sachlicher Darstellung einer Institution gewidmet werden, die, heute vollkommen außerhalb des durch das Bundesbahngesetz und das zugehörige Statut für die Verwaltung der Bundesbahnen errichteten Dienstapparates stehend, doch, vermöge des ihr eingeräumten Wirkungskreises auf die Handhabung der für den inneren Verwaltungsdienst der Bundesbahnen so hochwichtigen Personalwirtschaft in fortgesetzter intensiver Tätigkeit, einen starken, ja maßgebenden Einfluß ausübt, so daß sie nach dieser ihrer Wirksamkeit, trotzdem ihr für die letztere bisher keine gesetzliche Verantwortlichkeit auferlegt ist, unstreitig als ein noch weiteres hochbedeutsames direktes Organ der Bundesbahnverwaltung gewertet werden muß.

Es ist dies die Institution der „Personalvertretung“ und insbesondere des in ihrem obersten Aufbau der Generaldirektion der österreichischen Bundesbahnen gegenüberstehenden „Zentralausschusses des Personales der österreichischen Bundesbahnen“.

Um die ganze Bedeutung, die dieser Institution heute innewohnt, und die ganze Tragweite ihres Bestehens und ihres Wirkens richtig einzuschätzen, ist es unbedingt nötig, die Entwicklung, welche dieselbe von ihren ersten Anfängen an im Laufe der Zeiten allmählich gewonnen hat, sich vor Augen zu halten.

Die erste Einrichtung einer Personalvertretung war bereits im alten Kaiserstaate bei den österreichischen Staatsbahnen im Jahre 1907 erfolgt, indem der damalige Eisenbahnminister v. Derschatta in einer dem Personale wohlwollenden Weise mit einem Erlasse vom 23. März des genannten Jahres „Personalkommissionen und Arbeiterausschüsse“ einsetzte, welche zur Abgabe gutächtlicher Äußerungen über allgemeine Personalangelegenheiten der Bediensteten der Staatseisenbahnverwaltung berufen waren und daher, ebenso wie der Staatseisenbahnrat für allgemeine wirtschaftliche Fragen des Eisenbahnwesens, so für das Spezialgebiet des Personalwesens nur den Charakter eines die freie Entschließung der Verwaltung in keiner Weise hemmenden oder beeinträchtigenden, sondern letztere nur unterstützenden Beirates aufwiesen.

Den gleichen Charakter besaß auch noch eine in den ersten Zeiten nach dem Umsturze an ihre Stelle getretene, von den verschiedenen Bedienstetengruppen und Parteien beschickte, direkt als „Eisenbahnbeirat“ bezeichnete Körperschaft.

Es folgte aber hierauf bald die bereits gelegentlich der Erörterung der Frage der staatlichen Betriebsaufsicht erwähnte Zeitperiode, in welcher unter der damals herrschenden politischen Strömung die Verwaltung des staatlichen Eisenbahnwesens in erster Linie den parteimäßigen Interessen des gewerkschaftlich organisierten Eisenbahnpersonales dienstbar gemacht wurde.

Im Banne dieser herrschenden Strömung wurde von dem damals an der Spitze des Staatsamtes für Verkehrswesen gestandenen Staatssekretär Ludwig Paul unterm 19. April 1919 eine Dienstvorschrift erlassen, welche die Institution der Personalvertretung auf eine neue, ihr Wesen völlig ändernde Grundlage stellte.

In Feststellung der Aufgabe und des Wirkungskreises dieser neuen Personalvertretung, die sich nun in „Vertrauensmännerausschüsse" bei den einzelnen Dienststellen, in die „Personalausschüsse" bei den Direktionen und in den „Zentralausschuß" bei dem Staatsamte für Verkehrswesen teilte, wurde ausgesprochen, daß zur Wahrung der Interessen des Personales und der im Ruhestande befindlichen Bediensteten und Arbeiter alle Personalangelegenheiten, welche die gesamten Bundesbahnbediensteten oder einzelne Kategorien, ferner Dienst- und Verdienstangelegenheiten, die zwar einzelne Bedienstete betreffen, jedoch die Eigenschaft grundsätzlicher Verfügungen tragen, im gegenseitigen Einvernehmen zwischen der die Verfügung erlassenden Dienststelle und den von den Bediensteten gewählten Personalvertretungen zu regeln seien. Diese Personalvertretungen seien aber auch berufen, bei jenen Dienststellen, für deren Bedienstete sie eingesetzt sind, die Vermittlung in dienstlichen Angelegenheiten einzelner Angestellter über deren Verlangen zu übernehmen.

Insbesondere wurde noch angeordnet, daß dem Zentralausschusse beim Staatsamte für Verkehrswesen alle das Personal betreffenden Erlässe und Verfügungen allgemeiner Natur noch vor deren Hinausgabe vorzulegen seien, ferner, daß die in den Sitzungen der Ausschüsse gefaßten Beschlüsse, soferne gegen dieselben seitens der zuständigen Dienststelle kein ihre Weiterleitung zu einer höheren Entscheidung erfordernder Einwand erhoben wurde (was nur in selteneren Fällen sich ereignete), von der Verwaltung in kürzestem Wege durchzuführen seien.

Die charakteristischen, in die Personalwirtschaft bei den Bundesbahnen tief einschneidenden Änderungen, die durch diese Dienstvorschrift in Ansehung des Wirkungskreises der Personalvertretung herbeigeführt wurden, bestanden sonach darin, daß erstlich an die Stelle der das selbständige Entscheidungsrecht der kompetenten Verwaltungsorgane noch voll wahrenden bloßen vorgängigen Begutachtungsarbeit der früheren Personalvertretungen nunmehr das der neuen Personalvertretung positiv zugesprochene Recht der Zustimmung zu den von der Verwaltung in Aussicht genommenen, das Personalwesen betreffenden Maßnahmen gesetzt wurde, ohne welche die letzteren nicht in Geltung gesetzt werden durften, und daß zweitens diese Ingerenz der Personalvertretung nicht mehr bloß auf allgemeine Angelegenheiten des Personalwesens eingeschränkt blieb, sondern daß nun auch die das dienstliche Wohl und Wehe der einzelnen Bediensteten betreffenden Angelegenheiten, die sogenannten „konkreten"

Personalangelegenheiten, in weitem Umfange in die Einflußsphäre der Personalvertretung einbezogen wurden.

Die Wahlen in die verschiedenen Ausschüsse der Personalvertretung waren nach der der Dienstvorschrift beigegebenen Wahlordnung von dem gesamten Personal, getrennt nach Dienstgruppen, allgemein, geheim und direkt nach den Grundsätzen der Verhältniswahl vorzunehmen.

Da die überwiegende Mehrzahl des Personales, namentlich des exekutiven Dienstes, der sozialdemokratischen Parteiorganisation angehört, bekam diese Partei alsbald durch die vorgenommenen Wahlen in den weitaus meisten Ausschüssen der Personalvertretung und insbesondere in dem die wichtigste und einflußreichste Stellung unter denselben einnehmenden Zentralausschusse die entschiedene Majorität und damit die Führung in ihre Hand.

Die machtvolle Stellung, welche die Personalvertretung durch das ihr nun zugesprochene, unbedingte Zustimmungsrecht gewonnen hatte, führte gar bald dahin, daß im inneren Dienstbetriebe der Bundesbahnen das so wichtige Personalwesen in immer weiterem Umfange und immer entschiedener nach parteimäßigen Interessen entsprechenden und parteimäßig gebilligten Grundsätzen geordnet und gehandhabt wurde.

Die schiefe Stellung, in welche die Bundesregierung unter solchen im inneren Dienste der Bundesbahnen großgezogenen Verhältnissen bei der Verwaltung derselben geraten mußte und auch wirklich geriet, trat bekanntlich in drastischer Weise für die Öffentlichkeit in die Erscheinung, als in der Sitzung des Nationalrates vom 26. April 1921 der damalige Verkehrsminister Dr. Pesta in Beantwortung einer an ihn dahin gerichteten Interpellation, daß von den sozialdemokratisch organisierten Arbeitern in zwei Staatsbahnwerkstätten gegenüber nicht sozialdemokratischen Eisenbahnarbeitern geübte Terrorakte seitens der Verwaltung nicht nur nicht verhindert, sondern anscheinend durch die tatsächliche Enthebung der letzteren von der Arbeit noch unterstützt worden seien, zu dem Bekenntnisse sich gedrängt fühlte, daß es für jeden, der auf seinem Posten stehe, ganz ausgeschlossen sei, gegen die sozialdemokratische Organisation zu amtieren und Verfügungen gegen sie hinauszugeben, es vielmehr bei Vorfällen solcher Art nur seine Aufgabe sein könne, eine Auseinandersetzung auf gütlichem Wege zu ermöglichen.

Dieses offenherzige Bekenntnis, das ob seiner Bloßstellung der Regierungsohnmacht fast die Stellung des genannten Bundesministers gefährdet hätte, löste damals sofort im Nationalrate eine stürmische Debatte aus, in welcher von sozialdemokratischer Seite die durch die mehrerwähnte Dienstvorschrift für ihre Organisationen im Dienstbetriebe der Bundesbahnen gewonnene Machtstellung in heftiger Weise verteidigt wurde.

Es war aber schon bald nach Erlassung der in Rede stehenden Dienstvorschrift vom 19. April 1919, u. zw. schon am 15. Mai desselben Jahres vom Nationalrate selbst das Betriebsrätegesetz beschlossen worden, laut dessen § 2 bei den vom Staatsamte für Verkehrswesen betriebenen oder seiner Aufsicht unterstellten Eisenbahnunternehmungen den Betriebsräten entsprechende Einrichtungen auf Grund besonderer Vereinbarungen zwischen den zuständigen Verwaltungen und dem beteiligten Personale zu schaffen waren.

Da nach den Bestimmungen dieses Gesetzes den Betriebsräten zur Wahrung der wirtschaftlichen, sozialen und kulturellen Interessen der in den Betrieben verwendeten Arbeiter und Angestellten wesentlich nur eine Reihe von den Dienst überwachenden, Verbesserungen bei denselben und in den Diensteinrichtungen anbahnenden und anregenden Funktionen übertragen wurden und denselben nur in einigen wenigen, im Gesetze selbst angeführten Fällen, meist nur in Ermanglung einer bereits zwischen den Betriebsinhabern und den Arbeitnehmern getroffenen Vereinbarung, auch ein Zustimmungsrecht vorbehalten wurde und sie übrigens angewiesen wurden, ihre Tätigkeit tunlichst ohne Störung des Betriebes zu vollziehen, wäre, um bei der Verwaltung der Bundesbahnen der Anordnung und dem Geiste des Betriebsrätegesetzes zu entsprechen, eine entschiedene Rückbildung der über die Bestimmungen dieses Gesetzes weit hinausgreifenden Anordnungen der Dienstvorschrift vom 19. April 1919 in die Wege zu leiten gewesen.

Es wurde wohl von dem Bundesministerium für Handel und Verkehr im Einvernehmen mit dem Zentralausschusse des Personales der österreichischen Bundesbahnen die obenzitierte Dienstvorschrift vom Jahre 1919 einer Umarbeitung unterzogen; das Ergebnis war aber ein direkt gegenteiliges, indem mit einer unterm 18. Mai 1923 für die Vertretung der österreichischen Bundesbahnbediensteten neu hinausgegebenen Dienstvorschrift der der Personalvertretung schon nach der früheren diesfälligen Vorschrift eingeräumte weitgehende Wirkungskreis nur noch verschärft und insbesondere das derselben zugestandene Zustimmungsrecht bis zu den oberen Instanzen verankert wurde.

Auf Grund dieser in ihrem sachlichen Inhalte noch heute gültigen Dienstvorschrift und einer den Intentionen des Zentralausschusses möglichst entgegenkommenden Praxis werden dermalen alle belangreicheren Stellenbesetzungen sowie noch viele andere konkrete Personalangelegenheiten nach den seinerzeit im Einvernehmen mit diesem Ausschusse festgestellten, im hohen Grade auf Parteiinteressen Rücksicht nehmenden Grundsätzen und nur unter Zustimmung des Zentralausschusses vorgenommen, so daß das gesamte Personal der Bundesbahnen sich längst daran gewöhnt hat, in diesem Ausschusse und seiner selbständigen Führung den für sein dienstliches Schicksal weit entschiedener ins Gewicht fallenden Faktor zu erblicken, als in den nach den Organisationsbestimmungen eigentlich zu den diesfälligen Entscheidungen berufenen oberen und obersten Verwaltungsorganen. Es ist ein offenes Geheimnis, daß auch die neue, seit 1. Oktober 1923 fungierende oberste Geschäftsleitung nur unter demselben Drucke des Zentralausschusses und der hinter ihm stehenden Parteiorganisation die ganze Personalwirtschaft bei den Bundesbahnen zu führen vermag und tatsächlich führt.

Die Hinausgabe der geänderten Personalvertretungsvorschrift vom 18. Mai 1923 war aber in diesem Zeitpunkte vorweg ein Fehlschritt.

Denn damals hatte sich die Bundesregierung bereits mit den Arbeiten für die von ihr zur Sanierung des Bundeshaushaltes dringendst ins Auge gefaßte Neuorganisation des Bundesbahnbetriebes zu befassen. Insbesondere war bereits das über die Genfer Vereinbarung erstellte Wiederaufbaugesetz vom 27. Oktober 1922 erschienen, das die Grundlage für diese Neuorganisation zu bilden hatte und den Grundsatz aussprach, daß der für die Betriebsverwaltung der Bundesbahnen zu bildende eigene Wirtschaftskörper entsprechend dem Wesen kaufmännischer Betriebführung zu organisieren sei.

Mit dem Wesen einer solchen kaufmännisch geregelten Organisation, das nach der in dieser Studie schon wiederholt bezogenen allgemeinen, auch von Sir Acworth in seinem Gutachten geteilten Auffassung darin zu erblicken ist, daß an die Spitze des zu betreibenden Unternehmens ein einziger Kopf gesetzt wird, der die ganze Verantwortung für den Dienst in demselben zu übernehmen, aber darum auch alle maßgebenden Entscheidungen nach seinem eigenen besten Ermessen selbständig zu treffen hat, steht nun das in der Personalvertretungsvorschrift der Personalvertretung und insbesondere dem Zentralausschusse des Personales der österreichischen Bundesbahnen zugesprochene unbedingte Zustimmungsrecht in einem schreienden, unlösbaren Widerspruche.

Es kann von einer Geschäftsführung nach kaufmännischen Grundsätzen und nach kaufmännischem Geiste keine Rede sein, wenn der zur obersten Leitung des Dienstes berufene und die ganze Verantwortung für denselben tragende Funktionär nicht die Freiheit besitzt, zur Erzielung kaufmännischer Erfolge stets die tauglichsten Mittel anzuwenden, wenn er insbesondere bei der Bestellung seiner Mitarbeiter in den vielen Dienststellen des inneren und äußeren Dienstes gehindert wird, Grundsätze anzuwenden, welche es ihm ermöglichen, deren Auswahl nach dem für eine solche Geschäftsführung in erster Linie maßgebenden Kriterium der besten Eignung zu treffen, sondern vielmehr hiebei nach Gesichtspunkten vorzugehen gezwungen wird, die, von diesem Kriterium absehend, größtenteils der Sicherstellung parteimäßiger Interessen angepaßt sind.

Eine Geschäftsführung kann nicht als von kaufmännischem Geiste beseelt erachtet werden, wenn bei ihr durch die schablonenhafte Anwendung von nur solchen Gesichtspunkten Rechnung tragenden

Vorschriften die Stellenbesetzungen allgemein auf das Niveau bloßer Mittelmäßigkeit herabgedrückt werden und der Möglichkeit einer Nutzen bringenden besseren Verwendung hervorragender Arbeitskräfte eine zu weitgehende, deren Arbeitsfreudigkeit lähmende Schranke gesetzt wird, während, wie auch Sir Acworth, sich seinerseits gleichfalls zu dieser Auffassung bekennend, in seinem Gutachten treffend ausführt, es die Energie des ganzen Dienstes nur anspornen kann, wenn alle Bediensteten wissen, daß einem berechtigten Ehrgeize die Aussicht auf die Erlangung höherer und selbst hoher Posten offen steht.

Nicht minder widerstreitet es dem Geiste einer wahren kaufmännischen Geschäftsführung, wenn bei der noch weiter fortschreitenden Abbauaktion die immer schwieriger und heikler werdenden Einzelentscheidungen, durch welche die Existenzen der durch sie betroffenen Bedienstetenfamilien in ihrer Wurzel erschüttert werden, nicht immer von dem den geschäftlichen Interessen am meisten frommenden und daher am sorgsamsten im Auge zu behaltenden Gesichtspunkte der tunlichsten Erhaltung altbewährter, bestgeschulter Arbeitskräfte aus getroffen werden, sondern wenn es in dieser Hinsicht vielmehr, u. zw. nicht zum mindesten auch zum Zwecke der Erreichung und der Nachweisung einer möglichst hohen Abbauziffer, häufig zu Maßnahmen kommt, die unter dem bestimmenden Einflusse der Personalvertretung gleichfalls nur die parteimäßigen Interessen entsprechende Tendenz einer möglichsten Nivellierung der Dienstesausübung nach einer mittleren oder sogar noch tieferen Stufe verfolgen.

Es war darum Pflicht der Bundesregierung, als sie daranging, für den Bundesbahnbetrieb eine neue Dienstorganisation zu schaffen, im Gesetzeswege dafür zu sorgen, daß die Institution der Personalvertretung mindestens durch ihre Rückbildung auf die Grundsätze und den Geist des Betriebsrätegesetzes eine solche Abänderung erfahre, die es für die Zukunft ausschließt, daß diese Institution mit der unbedingt aufrechtzuhaltenden Forderung einer kaufmännischen Betriebsorganisation noch weiterhin in einem unlösbaren Widerspruche bleibe.

Dies geschah jedoch so klar und entschieden, wie es wünschenswert gewesen wäre, nicht.

Die Bundesregierung wich vielmehr in der von ihr für die Reform der Bundesbahnverwaltung erstellten Gesetzesvorlage dieser ganzen Frage, wohl im Hinblick auf die dabei mitspielenden politischen Machtfragen, welchen nahezutreten sie sich scheute, in weitem Bogen aus.

In dem § 4 des Bundesbahngesetzes wurde nur festgesetzt, daß eine den Bedürfnissen kaufmännischer Betriebführung anzupassende Regelung der Vorschriften über das Dienstverhältnis der Bundesbahnangestellten einschließlich der Bestimmungen über die Personalvertretungskörper und über die Pensionen durch Vereinbarung zwischen der Unternehmung „Österreichische Bundesbahnen" und dem Zentralausschusse des Personals dieser Bahnen vorzunehmen sei, bei welcher Anordnung jedoch übersehen wurde, daß eine so weitgehende Rückbildung des Wirkungskreises dieser Personalvertretungskörper, wie sie die unbedingte Voraussetzung für die Sicherung einer Geschäftsführung nach kaufmännischen Grundsätzen bildet, wohl im Wege der freien Vereinbarung mit eben diesen, bisher mit dem selbständigen Zustimmungsrechte ausgestatteten Personalvertretungskörpern kaum zu erreichen sein wird.

Des Zentralausschusses des Personales der österreichischen Bundesbahnen wird im Bundesbahngesetze nur noch an einer zweiten Stelle, u. zw. in dem in dieser Studie bereits zitierten, von der Zusammensetzung der Verwaltungskommission handelnden zweiten Absatze des § 10 gedacht, wonach demselben die Aufgabe zufällt, der Bundesregierung drei von ihr aus dem Personalstande der Bundesbahnen in diese Kommission zu berufende Mitglieder zu nominieren.

An beiden Stellen des Bundesbahngesetzes wird also der in Rede stehende Zentralausschuß als ein gegebener selbständiger Machtfaktor hingestellt, mit welchem die Bundesbahnverwaltung im ersteren Falle nur frei sich zu verständigen vermag und an dessen Beschluß sie im zweiten Falle gebunden erscheint.

Über die künftige Zusammensetzung und Einteilung der Personalvertretungskörper, über deren Wirkungskreis und über die ganze aus letzterem folgende Stellung derselben im und zum Dienstorganismus der Bundesbahnen schweigt sich dagegen das Bundesbahngesetz vollständig aus, überläßt vielmehr die Feststellung dieser wichtigen Punkte, von der die eventuell notwendige Eingliederung dieser Vertretungskörper in den Dienstorganismus der Bundesbahnen als ein auf die Willensbestimmung bei Handhabung der Personalwirtschaft wesentlichen Einfluß nehmendes und darnach mit einer gesetzlichen Verantwortung zu belastendes direktes Organ der letzteren abhängt, ganz der bereits erwähnten freien Vereinbarung, diese Körper bis zum Zustandekommen der letzteren in ihrer bisherigen Stellung ganz außerhalb des Dienstorganismus der Bundesbahnen belassend.

Infolge dieser Vorgangsweise weist das Bundesbahngesetz samt zugehörigem Statute noch eine dritte große, u. zw. den inneren Dienst und in diesem das wichtige Personalwesen betreffende Lücke auf, die bei einer nochmals vorzunehmenden Neuorganisation der Bundesbahnverwaltung unbedingt zu beseitigen sein wird.

Über das Wie dieser Beseitigung wird in dem nächsten Abschnitte dieser Studie bei Erörterung der bei einer solchen Neuorganisation einzuhaltenden Richtlinien des näheren zu sprechen sein.

12. Weitere von der gesetzlich festgelegten Dienstorganisation abweichende Personalverfügungen jüngster Zeit und deren voraussichtliche Bedeutung

für die Weiterentwicklung der dienstorganisatorischen Verhältnisse bei den Bundesbahnen. Erst in letzterer Zeit eingetretene Vorfälle gaben zu neuen, noch weiter von der durch das Bundesbahngesetz geschaffenen Dienstorganisation abweichenden dienstlichen Maßnahmen Anlaß.

Am 9. Dezember 1924 hatte der erste ernannte Generaldirektor der Bundesbahnen, Ingenieur Hans Siegmund, nachdem er nur wenig länger als ein Jahr diesen Posten bekleidet hatte und trotzdem die Sanierungsarbeiten für den Bundesbahnbetrieb sich derzeit noch im vollen Zuge befinden, das völlig Unhaltbare seiner Stellung erkennend, um die Enthebung von seinem Posten und um seine Inruhestandversetzung gebeten, die ihm denn auch in einer seine Verdienste ehrenden Form vom Präsidenten der Verwaltungskommission gewährt wurde.

An seine Stelle wurde von letzterem, jedenfalls mit Zustimmung der Bundesregierung, der bisherige finanzielle Direktor bei der Generaldirektion, Dr. Josef Maschat, zum Generaldirektor der Bundesbahnen ernannt und derselbe zugleich mit der provisorischen Weiterführung der finanziellen Direktion betraut.

Da erfahrungsgemäß in Österreich sich nichts von so dauerhaftem Bestande erweist als Maßnahmen, die, um den Schwierigkeiten einer sonst notwendigen radikaleren Änderung auszuweichen, plötzlich auftretenden Bedürfnissen Rechnung tragend, provisorisch in Geltung gesetzt werden, so dürfte mit der letzteren provisorischen Verfügung wohl als mit einem Definitivum zu rechnen sein.

Diese provisorische Kumulierung der beiden in Rede stehenden Posten in der Person des neu ernannten Generaldirektors bietet insoferne einen seiner ganzen dienstlichen Stellung zugute kommenden Gewinn, als durch dieselbe die in dieser Studie bereits geschilderte inhaltliche Leere des Generaldirektorpostens für ihn sehr wesentlich gemildert wird.

Da nach den statutarischen Normen der Vorstand der Betriebsunternehmung einschließlich des den Vorsitz führenden Generaldirektors aus fünf Mitgliedern zu bestehen hat und infolge der jetzt vollzogenen Ernennungen nur vier solche Mitgliedsposten besetzt sind, wäre nunmehr die Gelegenheit geboten, durch die Berufung des administrativen Direktors auf die freigewordene Stelle eines Vorstandsmitgliedes den in dieser Hinsicht bisher bestandenen, bereits eingehend besprochenen ungesunden Zustand für die Zukunft zu beheben.

Diese Berufung ist jedoch bisher nicht erfolgt und es verlautet auch bis zur Stunde nicht, daß dieselbe oder diejenige eines anderen Direktors der Generaldirektion auf den erwähnten im Vorstande freigewordenen Mitgliedsposten in Bälde zu gewärtigen sei.

Es gewinnt nach den in dieser Richtung bisher bekannt gewordenen Verfügungen vielmehr fast den Anschein, als ob sich eine anderweitige Weiterbildung der inneren Dienstorganisation bei der obersten

Verwaltungsstelle der Bundesbahnen vorbereiten würde, die zwar die tatsächlichen Diensteinrichtungen bei denselben in noch größeren Gegensatz zu den Organisationsbestimmungen des Bundesbahngesetzes bringen würde, der aber nach den in dieser Studie bereits niedergelegten Ausführungen eine gewisse sachliche Berechtigung und Verbesserung des Dienstes nicht ganz abgesprochen werden könnte.

Der neu ernannte Generaldirektor erklärte nämlich zufolge der in Fachblättern enthaltenen Mitteilungen den nach seinem Amtsantritte bei ihm erschienenen Gewerkschaftsvertretern, daß er in der Absicht, die Führung des großen Unternehmens in zeitgemäßem Geiste zu besorgen, öfter den Verhandlungen im Zentralausschusse selbst beizuwohnen gedenke, um im unmittelbaren Verkehr mit den Personalvertretern seine Eindrücke zu sammeln und nicht allein auf Berichte von Referenten angewiesen zu sein.

Es mag dahingestellt bleiben, ob bei der bereits eingehend besprochenen übermachtvollen Position, die dem unter einer eigenen selbständigen Führung stehenden, autonom seine Beratungen pflegenden und seine Beschlüsse fassenden „Zentralausschusse des Personales der österreichischen Bundesbahnen" gegenwärtig im Dienstorganismus der Bundesbahnen tatsächlich eingeräumt ist, eine persönliche Teilnahme des Generaldirektors der Bundesbahnen an diesen Beratungen seiner Stellung als des immerhin formal zur obersten Leitung des Dienstes bei der Generaldirektion berufenen Funktionärs angemessen ist, zumal er hiebei dem Zentralausschusse in Wirklichkeit nicht in irgend einer autoritativen Weise, sondern nur als einfacher Berater gegenüberzutreten vermag, indem die der Generaldirektion in den fraglichen Personalangelegenheiten schließlich doch vorbehaltene Enderledigung nicht in seinen Händen allein ruht, sondern nach den Bestimmungen des Bundesbahngesetzes dem Gesamtvorstande zusteht und in Wirklichkeit wohl in den meisten maßgebenden Fällen von dem zuoberst die Leitung des Dienstes führenden Präsidenten der Verwaltungskommission getroffen werden wird.

Es mag dahingestellt bleiben, ob nicht durch diese Teilnahme die wenig machtvolle Lage, in der sich die Verwaltung der Bundesbahnen gegenüber der kraftvollen, vielfach bestimmend auftretenden Einflußnahme des Zentralausschusses heute befindet, noch stärker und für das gesamte Personal noch augenfälliger akzentuiert wird.

Aus der zitierten Erklärung des Generaldirektors geht nur das eine klar hervor, daß er, offenbar mit höherer Billigung, auch noch den umfassendsten, schwierigsten und heikelsten Teil des administrativen Dienstes, nämlich die auf die gesamte Personalwirtschaft im Bereiche der Bundesbahnen bezüglichen Dienstangelegenheiten an sich zu ziehen und direkten Einfluß auf deren Bearbeitung zu nehmen im Begriffe steht, für die er sodann auf Grund der von ihm selbst gewonnenen dienstlichen Erkenntnisse auch die Vertretung in den Beratungen des Vorstandes und gegenüber dem in oberster Linie den Dienst leitenden Präsidenten der Verwaltungskommission zu besorgen in der Lage sein wird. Die Stellung des dem Vorstande nicht angehörigen administrativen Direktors müßte unter solchen Verhältnissen immer mehr in diejenige eines bloßen Referenten der Generaldirektion zurücksinken[1]).

Dagegen muß sich bei einer derartigen Gestaltung der Dinge die Stellung des neuen Generaldirektors vermöge der nun in seiner Person vereinigten Funktionen inhaltlich immer mehr zu derjenigen eines administrativ vorgebildeten Stellvertreters des dem Technikerstande angehörigen, die oberste Leitung des Dienstes faktisch führenden Präsidenten der Verwaltungskommission umbilden. In dieser Stellung vermöchte derselbe sodann bei einer immer mehr der Vereinheitlichung zustrebenden obersten Dienstführung dem genannten Präsidenten, an dessen Seite stehend, in der Tat eine dem Dienste nützliche Unterstützung zu leisten, die sein gleichfalls dem Technikerstande angehöriger Vorgänger zu leisten nicht im Stande war, da er eben nur den zwar nach außenhin vollklingenden, aber, wie dargelegt, nach den Bestimmungen des Bundesbahngesetzes inhaltlich nur wenig bedeutungsvollen und durch die faktischen Diensteinrichtungen in seiner Bedeutung noch tiefer herabgedrückten Posten des Generaldirektors der Bundesbahnen innehatte.

Wie immer sich auch die oben besprochenen Dienstverhältnisse in Zukunft entwickeln mögen, so steht das eine fest, daß durch diese jüngst erfolgten, auf die Organisation des Dienstes bei der obersten Verwaltungsstelle der Bundesbahnen rückwirkenden Personalverfügungen, die bereits eingehend erörterte arge Diskrepanz, die schon vor diesen Ernennungen zwischen den gesetzlichen Anordnungen über die Dienstorganisation der österreichischen Bundesbahnen und der tatsächlich vorgenommenen Neueinrichtung des Dienstes bei denselben bestand, noch weiter vergrößert wurde und daß es daher um so wünschenswerter, ja unausweichlich notwendig erscheint, durch eine baldige entsprechende Abänderung der Bundesbahngesetzgebung dafür zu sorgen, daß der Welt nicht länger das traurige Bild einer gröblichen Mißachtung eines eben erst mühsam zustande gebrachten grundlegenden Gesetzwerkes geboten werde.

---

[1]) Anmerkung: Erst während der Zeit des Druckes dieser Studie erhielt die Öffentlichkeit davon Kenntnis, daß die administrative Direktion bei der Generaldirektion der Bundesbahnen für die Zukunft aufgelöst wurde und daß die Geschäfte derselben teils dem Generaldirektor unmittelbar unterstellt, teils der finanziellen Direktion angegliedert worden sind. Durch diese Verfügung erfahren die Ausführungen im Texte über die voraussichtliche Bedeutung der erörterten jüngsten Personalverfügungen für die Weiterentwicklung der dienstorganisatorischen Verhältnisse im Bereiche der Bundesbahnen ihre volle Bekräftigung.

Da die bisherigen gesetzlichen Anordnungen schon bei ihrer ersten Durchführung in wesentlichen Beziehungen so gründlich versagten und dagegen die tatsächliche Neueinrichtung des Dienstes im Hinblick auf die bereits während der kurzen Zeit ihres Bestandes erzielten günstigen Verwaltungsergebnisse für die Zukunft zu guten Hoffnungen berechtigt, kann es sich nur darum handeln, unter tunlichster Aufrechterhaltung des Wesens der letzteren, für die Dienstorganisation der österreichischen Bundesbahnen eine neue, von den als unrichtig erkannten Bestimmungen des Bundesbahngesetzes völlig abweichende und der Durchführung keine weiteren Schwierigkeiten bietende gesetzliche Grundlage zu schaffen.

Im folgenden sollen diejenigen Gesichtspunkte, die bei einer derartigen neuerlichen Umorganisierung des Bundesbahndienstes hauptsächlich im Auge zu behalten sein dürften, noch einer näheren Betrachtung unterzogen werden.

III. Klarstellung der in Wahrung der Bundesinteressen hinsichtlich der Frage der grundsätzlichen Verfügung über den bundesstaatlichen Eisenbahnbesitz festzuhaltenden Gesichtspunkte und der für eine allein anzustrebende bessere Neuorganisation des staatlichen Bundesbahndienstes in Aussicht zu nehmenden obersten Richtlinien.

1. Die Frage der gänzlichen oder halbwegigen Entäußerung des bundesstaatlichen Eisenbahnbesitzes aus Gründen finanziellen Zwanges. Zur Zeit, als die gegenwärtige neue Dienstorganisation der österreichischen Bundesbahnen erst in die Wege geleitet wurde, und auch später noch war von maßgebenden Regierungsstellen aus die Erklärung abgegeben worden, daß diese Neuorganisation unbedingt als der letzte Versuch zu gelten habe, dem Bundesstaate den Besitz der Bundesbahnen zu erhalten und daß, wenn dieser Versuch mißlingen sollte, bei der unaufschiebbaren Notwendigkeit, den Bundeshaushalt zu sanieren, keine Zeit mehr zu noch weiteren Experimenten vorhanden wäre, vielmehr nichts anderes erübrigen würde, als den diesen Haushalt übermäßig belastenden Bundesbahnbetrieb vollständig in private Hände überzuleiten.

In einer am 27. August 1923 gehaltenen Rede hatte der seither zurückgetretene Bundeskanzler Dr. Seipel selbst erklärt, daß, wenn es nicht gelingen sollte, das Betriebsdefizit der Bundesbahnen entsprechend der von dem englischen Gutachter Sir Acworth ausgesprochenen Möglichkeit binnen beiläufig zwei Jahren gänzlich zum Schwinden zu bringen, man vielleicht doch noch den letzten und äußersten Schritt machen müßte, indem man die Bahnen vom Staate abstößt und der Privatwirtschaft übergibt.

Und erst in der letzteren Zeit noch wurden anläßlich des bereits erwähnten Streiks der Bundesbahnangestellten von Dr. Kienböck, dem Finanzminister im Kabinette Seipel, in öffentlichen Versammlungen Erklärungen im gleichen Sinne mit dem Beifügen abgegeben, daß, wenn auch die Regierung den Weg der Veräußerung oder Verpachtung der Bundesbahnen nicht selbst beschreiten werde, man doch nicht wissen könne, wohin der Weg schließlich führen werde, wenn übermäßige Lohnforderungen der Bundesbahnangestellten Folgen zeitigen würden, welche die nötige Sanierung des Bundeshaushaltes dauernd verhindern müßten.

Es ergibt sich aus diesen Enunziationen, daß, wenn auch namentlich die letzterwähnten Regierungserklärungen offensichtlich in der Absicht abgegeben wurden, um auf das bekanntlich eine Veräußerung der Bundesbahnen am heftigsten perhorreszierende Dienstpersonal der Bundesbahnen einen Druck dahin auszuüben, daß es von seinen zu weit gehenden Lohnforderungen ablasse, doch die Frage der eventuellen Abstoßung der österreichischen Bundesbahnen auch heute noch nicht als eine bereits völlig außer jeder Diskussion stehende, schon gänzlich überwundene Eventualität zu betrachten ist.

Würde diese Frage wirklich neuerdings zur Diskussion gestellt werden, so wäre mit aller Wahrscheinlichkeit zu gewärtigen, daß Finanzgruppen, die, über ausgedehnte internationale Verbindungen verfügend, bereits früher, als zur Zeit der äußersten Finanznot des Bundesstaates die Frage der Veräußerung der Bundesbahnen das erstemal in ernstlicher Erwägung stand, an derselben ein besonderes Interesse nahmen, neuerlich ihre Bemühungen dahin richten würden, in den ihren wirtschaftlichen Plänen nützlichen Besitz der österreichischen Bundesbahnen zu gelangen.

Schon in den Debatten, die seinerzeit im Nationalrate über die die Bundesbahnen betreffenden Reformanträge der Regierung abgeführt worden waren, war von mehreren Seiten auf den offenbaren Bestand derartiger Bestrebungen sowie auf die Gefahren hingewiesen worden, die bei der Schwäche der politischen Stellung der kleinen österreichischen Republik für die freie, ungehinderte Entwicklung der heimischen Volkswirtschaft entstehen müßten, wenn es solchen, eventuell sogar von einer ausländischen Großmacht patronisierten Bestrebungen gelingen würde, auf den Betrieb der österreichischen Bundesbahnen dauernd einen entscheidenden Einfluß zu gewinnen.

Bedeutend näher als die vorbesprochenen, eventuell zu einer neuerlichen Erörterung der Frage der Abstoßung der Bundesbahnen Anlaß gebenden finanziellen Erwägungen, die denn doch bei der heute verbesserten Lage dieser Bahnen dermalen in weite Ferne gerückt erscheinen, liegt die Möglichkeit, daß die bezeichneten Finanzgruppen versuchen könnten, diese Veräußerungsfrage doch wieder ins Rollen zu bringen, wenn es sich gegenwärtig in der Erkenntnis, daß der vor noch nicht vollen zwei Jahren gesetzlich festgelegte Neuaufbau der Dienstorganisation der Bundesbahnen abermals in manchen seiner Grundlinien ein verfehlter sei, herausstellt, daß man wegen Nichtdurchführbarkeit wesentlicher Bestimmungen dieser neuen, regierungsseitig ausdrücklich als letzter Versuch angekündigten Dienstorganisation vor der zwingenden Notwendigkeit steht, dieselbe neuerdings einer grundlegenden Änderung zu unterziehen.

Angesichts einer solchen Möglichkeit kann es auch dermalen noch nicht laut und klar genug ausgesprochen werden, daß sich auf dem Gebiete des heimischen Verkehrswesens nichts tiefer zu Bedauerndes ereignen könnte als eine, sei es offene oder etwa verschleierte Veräußerung des bundesstaatlichen Eisenbahnbesitzes.

Bekanntlich war es das schlimmste, von der Öffentlichkeit nachträglich stets aufs schärfste verurteilte Geschehnis in der älteren österreichischen Eisenbahngeschichte, als in den Jahren 1854 und 1858 ein damals bereits bestandenes, ruhmreich erbautes und für die Zukunft bereits zu guten Hoffnungen berechtigendes Staatseisenbahnnetz staatsfinanziellen Regierungsproblemen zuliebe an zwei große französische Gesellschaften veräußert wurde.

Ungeachtet zu jener Zeit die Finanzlage des österreichischen Staates keineswegs eine derart ungünstige war, daß sie einem finanziell erfolgreichen Abschlusse einer solchen Transaktion für den Staat hindernd im Wege stand, kamen doch diese Verkäufe damals nur mit einem bedeutenden finanziellen Verluste für den österreichischen Staatsschatz zustande, der sich gegenüber den seinerzeitigen Herstellungskosten gemäß diesfalls nachträglich aufgestellter Berechnungen auf nahezu dreihundert Millionen Kronen guter österreichischer Währung belief.

Bei der gegenwärtigen ernsten finanziellen Lage des Bundesstaates aber müßte der letztere, selbst wenn es gelingen sollte, den augenblicklich noch auf den Bundesbahnen lastenden Betriebsabgang mit Hilfe der bereits durchgeführten und noch weiter geplanten ökonomischen Maßnahmen wirklich schon in naher Zukunft dauernd ganz zum Schwinden zu bringen, doch, soferne er die Veräußerung der Bundesbahnen ernstlich ins Auge fassen wollte, sich noch weit drückenderen Bedingungen unterwerfen, als sie seinerzeit in den Fünfzigerjahren des vorigen Jahrhunderts zugestanden werden mußten, u. zw. sowohl in Ansehung der Höhe des hiebei zu erzielenden Preises, wie auch hinsichtlich der sonstigen wesentlichen Modalitäten einer solchen Transaktion.

An die Erzielung eines Preises, der auch nur halbwegs an die Höhe des heute mit zwei Milliarden Goldkronen ausgewiesenen Anlagekapitals der Bundesbahnen heranreichen würde, wäre natürlich unter den obwaltenden Verhältnissen nicht zu denken. Eine zur käuflichen Ablösung der Bundesbahnen sich erbötig machende Finanzgruppe würde ihrem Kaufanbote nur den für eine nähere Zukunft abschätzbaren Ertragswert der Bundesbahnen zugrunde legen.

Dabei würde sie, auch wenn es gelänge, das gegenwärtige Betriebsdefizit der Bundesbahnen zu beseitigen, doch, um ein gänzlich unterwertiges Preisanbot rechtfertigen und festhalten zu können, sich auf alle jene sattsam bekannten ungünstigen Momente berufen, die einer bedeutenderen Hebung der Rentabilität des Bundesbahnbetriebes *dauernd* hindernd im Wege stehen, so insbesondere auf die durch den Gebirgscharakter eines großen Teiles der Bundesbahnen bedingte Erschwernis und Verteuerung des Bahnbetriebes, auf die Zerstückelung des ehedem nach großen Verkehrsrouten angelegten Eisenbahnnetzes und das Verbleiben nur unvorteilhafter kleiner Endstücke der nach Norden und Süden erbauten großen Eisenbahnlinien im österreichischen Besitze, auf die den Bedürfnissen des zivilen Bahnbetriebes nur wenig angepaßte, seinerzeit größtenteils nur aus militärischen Rücksichten gewählte Anlage und Ausstattung mancher Bahnlinien, auf die nicht zu beiseitigende Notwendigkeit der kostspieligen Einfuhr von für den Bahnbetrieb besonders wichtigen Materialien aus dem Auslande und auf die Belastung der Bundesbahnen durch die Bestimmungen des Friedensvertrages und auf diejenige ihres Bestandes mit einer Menge vorweg und dauernd unrentabler Lokalbahnen.

Der Geltendmachung aller dieser, die Erzielung einer ausreichenden Rentabilität der Bundesbahnen dauernd behindernden Momente könnten seitens des Bundes nur wenige für den Betrieb günstige, aber keinen wesentlichen Ausschlag gebende Momente in Gegenrechnung gestellt werden, wie die einem zahlreichen Fremdenzuzuge förderliche Naturschönheit und Heilkräftigkeit vieler Gegenden der Republik und der Holzreichtum des Landes.

Das wichtigste für die künftige Prosperität des Bundesbahnbetriebes günstige Chancen bietende Moment, nämlich die glückliche geographische Lage der Bundesbahnen als nicht zu umgehendes Mittelglied für einen großen Teil des zwischen dem Westen und dem Osten sowie zwischen dem Norden und dem Süden des europäischen Festlandes sich abwickelnden Durchzugsverkehrs könnte gegenwärtig für die Durchsetzung eines auch nur halbwegs angemessenen Verkaufspreises vom Bunde nicht mit irgend welcher Kraft zur Geltung gebracht werden, da dieser Durchzugsverkehr, heute noch ungenügend ausgebildet und durch die als traurige Kriegsfolgen noch auf lange hinaus zahlreich vorwaltenden Grenz- und Zollschwierigkeiten behindert, erst nach Beseitigung dieser Hindernisse durch jahrelange sorgsame Pflege und eine reiche Investitionstätigkeit zu solcher Entfaltung wird gebracht werden können, daß er den Betrieb der Bundesbahnen über alle erwähnten, seine Ergebnisse ungünstig beeinflussenden Momente hinaus zu einem erträgnisreicheren, ausreichenden Gewinn abwerfenden zu gestalten vermöchte.

Zu noch traurigeren Ergebnissen würde es führen, wenn von dem Bunde etwa, wie es auch schon angeregt wurde, die Verpachtung des Bundesbahnbesitzes angestrebt werden wollte.

Von der Bezahlung irgend eines Pachtzinses könnte, solange der Betrieb der Bundesbahnen ein passiver ist, selbstverständlich überhaupt keine Rede sein und müßte sich der Bundesstaat wahrscheinlich sogar zur Übernahme der Garantie für ein bestimmtes Minimalerträgnis herbeilassen. Es wäre unerfindlich, welcher finanzielle Vorteil dann aus einer solchen Transaktion für den Bund erwachsen könnte.

Aber auch wenn die Grenze der Passivität des Bahnbetriebes glücklich überschritten wäre, würde nach allen in ähnlichen Fällen bisher gemachten Erfahrungen die Einforderung und Eintreibung eines den Verhältnissen angemessenen Pachtzinses oder sonstiger an Stelle eines solchen zu leistender Geldabfuhren mit den größten Schwierigkeiten verbunden sein. Dazu käme noch die Notwendigkeit der Einrichtung eines kostspieligen staatlichen Aufsichtsapparates, nicht bloß zur Wahrung der Betriebssicherheit, sondern insbesondere auch, um den Bundesstaat gegen eine Übervorteilung bei der Betriebführung und gegen eine Verschlechterung des Wertbestandes der Bundesbahnen durch die Pachtunternehmung während der Pachtdauer zu schützen.

Aus solchen Gründen hatte seinerzeit die österreichische Staatsregierung, nachdem sie in den Jahren 1844 und 1845 die ersten damals neu erbauten Staatsbahnen unter günstigeren Betriebschancen für dieselben den bereits bestandenen, mit ihren Strecken an diese Bahnen anschließenden Privateisenbahngesellschaften in Pachtbetrieb überlassen hatte, sofort nach Ablauf der ersten vereinbarten fünfjährigen Vertragsdauer von einer Fortsetzung des Pachtverhältnisses abgesehen und es vorgezogen, die Führung des Betriebes auf jenen Staatsbahnlinien in die eigene Regie des Staates zu übernehmen.

Nicht bessere Erfahrungen machten bekanntlich in späteren Zeiten auch andere Staaten, so namentlich Italien mit der im Jahre 1886 vorgenommenen langfristigen Verpachtung seiner Staatsbahnen, so daß auch dort keine Erneuerung des Pachtvertrages nach dessen Ablauf stattfand.

Käme nach dem Gesagten sowohl bei einem Verkaufe wie bei einer Verpachtung der Bundesbahnen schon die Preisvereinbarung nur unter für den Bundesstaat allerdrückendsten Bedingungen zustande, so würde in beiden Fällen noch das besonders schwerwiegende Moment hinzutreten, daß von der zum Ankaufe oder zur Pachtung der Bundesbahnen erbötigen Finanzgruppe zweifellos die Forderung erhoben werden würde, daß ihr zur Ermöglichung der von ihr notwendigerweise anzustrebenden Erzielung besserer Betriebsergebnisse eine weitreichende Freiheit hinsichtlich der finanziellen Ausnützung der durch die Monopolnatur des Eisenbahnbetriebes gebotenen Möglichkeiten zugestanden werde.

Der Bundesstaat wäre dann, da es sich jetzt um die Veräußerung des ganzen innerhalb der Grenzen der Republik vollentwickelten Eisenbahnnetzes handeln würde, in noch weitaus stärkerem Maße als dies schon in jener früheren Periode im bestandenen Kaiserstaate bei der verhältnismäßig noch geringeren Ausdehnung der damals verkauften Staatsbahnlinien auf lange hinaus der Fall war, zur absoluten Einflußlosigkeit auf dem für das Gedeihen der vaterländischen Volkswirtschaft so hochwichtigem Gebiete des Verkehrswesens verurteilt; er wäre dauernd gehindert, selbsttätig durch zweckmäßige verkehrs- und namentlich tarifpolitische Maßnahmen den Bedürfnissen des heimischen Wirtschaftslebens, die diesfälligen Interessen stützend und fördernd, entgegenzukommen. Auch seinen Beruf, mittels entsprechender sozialpolitischer Maßnahmen auf die Interessengegensätze in den verschiedenen Bevölkerungsschichten ausgleichend und mildernd einzuwirken, vermöchte der Bundesstaat, soweit hiefür das Gebiet des Verkehrswesens in Betracht kommt, nicht mehr mit der wünschenswerten Intensität zur Geltung zu bringen.

Noch um ein Bedeutendes verschärfen würden sich aller Wahrscheinlichkeit nach diese sehr bedauerlichen Verhältnisse, wenn, wie es vorauszusehen wäre, die Entäußerung der Bundesbahnen nur unter überwiegender Beteiligung ausländischen Kapitals, eventuell sogar etwa unter Patronanz einer ausländischen Regierung zustande käme. Es würde damit die eminente Gefahr entstehen, daß das ganze heimische Wirtschaftsleben durch die sodann das Verkehrswesen innerhalb der Grenzen der österreichischen Republik beherrschenden ausländischen Einflüsse, wohl nicht ohne Rückwirkung auch auf die politische Lage des Bundesstaates, dauernd fremdländischen Interessen ausgeliefert wäre.

Im Hinblicke auf solche für den Fall der Entäußerung der Bundesbahnen sich ergebende höchst unerfreuliche, wesentliche Staatsinteressen tief schädigende Perspektiven, konnte diese schwerwiegende Maßnahme doch nur in einem Zeitpunkte ernstlich in Betracht kommen, in welchem der Bundesstaat, unmittelbar vor der Gefahr gänzlichen Zusammenbruches stehend, die Grundursache seiner äußersten finanziellen Notlage in der Unbehebbarkeit des auf dem Bundesbahnbetriebe lastenden übermäßig hohen Betriebsabganges erblicken zu müssen glaubte — nicht anders, wie ein in einem oberen Stockwerke eines brennenden Hauses Eingeschlossener sich, um dem ihm drohenden sicheren Flammentode zu entgehen, noch im letzten Augenblicke zu einem Sprunge in die Tiefe entschließt, auch wenn er durch letzteren gleichfalls schweren körperlichen Schaden zu nehmen fürchten muß.

Nun aber, nachdem, dank der aufklärenden Arbeit der beiden ausländischen Experten und der seither tatkräftig eingesetzten Sanierungstätigkeit der Bundesbahnverwaltung, eine wesentliche Besserung aller einschlägigen Verhältnisse in die Wege geleitet ist und die Erkenntnis sich bereits Bahn brechen mußte, daß die Ursache einer noch fortdauernden schwierigen finanziellen Lage des Bundesstaates nicht in einer unausrottbaren Mißwirtschaft bei den Bundesbahnen zu suchen sei, kann die Frage einer etwaigen Abstoßung der Bundesbahnen, dieses, wie erwähnt, wertvollsten Bestandes des Volksvermögens, im Wege ihres Verkaufes oder ihrer Verpachtung unmöglich mehr einen Gegenstand ernster Erörterungen bilden.

Auch Sir Acworth, der in seinem Gutachten dieser wichtigen Frage eine ausführliche, von vollster Sachlichkeit getragene Betrachtung widmete, kam zu dem Schlusse, daß der Bundesstaat alle Ursache habe, an seinem wertvollen Besitze der Bundesbahnen bis zum äußersten festzuhalten.

Es ist zu hoffen, daß ebenso wie die letzte Bundesregierung, unter der Führung des Bundeskanzlers Dr. Seipel, dessen großzügiger Tatkraft die Bevölkerung Österreichs so viel zu danken hat, auch jede fernere Bundesregierung es weit von sich weisen werde, durch eine so herostratische Tat, wie es unter solchen Verhältnissen die Entäußerung der Bundesbahnen wäre, ihr Andenken bei allen späteren Generationen aufs tiefste zu schädigen.

Die Möglichkeit dürfte aber noch ins Auge zu fassen sein, daß von Finanzgruppen, die, wie bereits erwähnt wurde, die schwierige finanzielle Lage des österreichischen Bundesstaates gerne dahin zu benützen gewillt wären, um auf den Bundesbahnbetrieb einen ihren wirtschaftlichen Plänen förderlichen Einfluß zu gewinnen, ja denselben womöglich ganz ihrem Machtbereiche einzuverleiben, an Stelle eines direkten Kaufanbotes, mit dem sie unter den bewandten Verhältnissen erfolgreich aufzutreten kaum erhoffen können, der Versuch unternommen werde, den Bund für die Vereinbarung einer gemeinschaftlichen Führung des Bundesbahnbetriebes im Wege einer zwischen beiden Teilen auf irgend einer gemischtwirtschaftlichen Basis zu errichtenden Betriebsunternehmung zu gewinnen.

Es dürfte zu gewärtigen sein, daß zur Begründung einer derartigen Bestrebung die bereits mehrfach gehörte Behauptung wiederholt werden würde, daß der Bundesbahnbetrieb aus dem Tiefstande, in welchen derselbe durch die schweren Hemmungen der Kriegs- und Nachkriegszeit geraten sei und von dem sich aus eigener Kraft vollends zu erheben er nicht mehr die Möglichkeit besitze, nur durch ausgiebiges Beispringen fremden Kapitals wieder zu einem wirklich erträgnisreichen Unternehmen emporgebracht zu werden vermag.

Die betreffende Finanzgruppe dürfte aber bei einer solchen Transaktion sicherlich den Standpunkt einzunehmen und festzuhalten bemüht sein, daß der dem Bundesstaate auf Grund der Einbringung der Bundesbahnen als Apport in die betreffende Unternehmung zuzuerkennende Kapital- und Ertragsanteil an der letzteren unter Inanschlagbringung all' der auf die Rentabilität der Bundesbahnen dauernd ungünstig einwirkenden Momente so niedrig als möglich bemessen werde.

Anderseits würde sie sich gewiß gegen das Zugeständnis, daß sie die Beischaffung aller zu einer weiteren großzügigen Betriebführung und zu einschlägigen, reicheren Investitionen erforderlichen Geldmittel auf sich zu nehmen haben werde, das Anrecht darauf zu wahren trachten, daß ihr die maßgebendste Einflußnahme auf alle für den Betrieb der Bundesbahnen weiterhin zu treffenden Verwaltungs- und insbesondere Tarifmaßnahmen durch ihre bei der Unternehmung in leitender Stellung unterzubringenden Vertrauensorgane zugebilligt und gesichert werde.

Eine solche Transaktion würde eine fast noch größere Versklavung des Bundesstaates zugunsten fremder und gegebenenfalls fremdländischer Interessen zur Folge haben, als dies bei einem direkten Verkaufe der Bundesbahnen der Fall wäre, zumal eine derart gebildete und geleitete Unternehmung selbst der österreichischen

Volkswirtschaft direkt nachteilige Maßnahmen unter dem Deckmantel der gemeinschaftlichen Betriebführung mit dem Bundesstaate leichter und ungehemmter ins Werk zu setzen vermöchte.

Es kann nicht zweifelhaft sein, daß eine solche in ihren Wirkungen fast noch schädlichere Transaktion nicht weniger zu perhorreszieren wäre als die direkte Überleitung des Bundesbahnbetriebes in private Hände im Wege des Verkaufes oder der Verpachtung.

Über einen in neuester Zeit von beruflicher Seite zur Sprache gebrachten, den vorstehend erörterten Möglichkeiten in gewisser Beziehung ähnlichen und kaum weniger bedenklichen Vorschlag, der dahin geht, die Staatseisenbahnen der sämtlichen Nachfolgestaaten des alten österreichischen Kaiserstaates zu einem wirtschaftlichen Gemeinschaftsbetriebe zusammenzuschließen und sonach auch die österreichischen Bundesbahnen an eine zu solchem Zwecke neu zu errichtende internationale Betriebsgesellschaft zu überlassen, wird noch später eingehender zu sprechen sein.

2. Dieselbe Entäußerungsfrage vom Standpunkte bloßer Zweckmäßigkeit beurteilt. Kann gegenwärtig, dank der bereits durchgeführten und noch in die Wege geleiteten Ersparungsmaßnahmen, die es mit Sicherheit erhoffen lassen, daß der Bundesbahnbetrieb schon in naher Zeit aus eigener Kraft dahin gebracht werden wird, die Deckung seiner Auslagen dauernd in seinen Einnahmen zu finden, von einer Zwangslage nicht mehr die Rede sein, die allein es hätte rechtfertigen können, eine vollständige oder halbwegige Entäußerung des staatlichen Bundesbahnbesitzes auf eine der vorbesprochenen Arten als letztes in Anwendung zu bringendes Rettungsmittel in Erwägung zu ziehen, so verbleibt nur die Frage, ob etwa, auch abgesehen von einer solchen Zwangslage, der Überführung des Eisenbahnbetriebes in einen reinen Privatbetrieb gegenüber der grundsätzlichen Belassung desselben in der Eigenverwaltung des Staates aus bloßen Zweckmäßigkeitsgründen der Vorzug zu geben sei. Diese Frage — eine Streitfrage, welche, in abstracto aufgeworfen, bisher noch keine allgemein gültige Klärung gefunden hat — muß speziell für die österreichischen Verhältnisse dermalen als bereits außerhalb jeder Erörterung gestellt erachtet werden.

Sicherlich sind auch einem rein privatwirtschaftlich organisierten Eisenbahnbetriebe, was insbesondere die Expeditivität der Geschäftsführung, die Leichtigkeit seiner fortschrittlichen Entwicklung und die Möglichkeit der Konzentration aller Kräfte zur Hebung des Verkehrs zwecks Erhöhung der Rentabilität des Unternehmens betrifft, erhebliche Vorzüge zuzusprechen, wenn zugleich eine starke Regierung das Unternehmen zur Wahrung der durch dasselbe berührten öffentlichen Interessen entsprechend zu überwachen und namentlich eine übermäßige Ausnützung des in den Eisenbahnen gelegenen faktischen und rechtlichen Monopoles durch dasselbe dauernd hintanzuhalten imstande ist.

Im bestandenen österreichischen Kaiserstaate war die Entscheidung dieser Frage aber bereits seit dem Ende der Siebzigerjahre des vorigen Jahrhunderts, also längst vor Ausbruch des unseligen Weltkrieges, zugunsten des Staatseisenbahnsystems gefallen, indem man die Auffassung als maßgebend erachtete, daß es, unbeschadet des selbstverständlichen grundsätzlichen Strebens nach einer bestmöglichen Rentabilität des Eisenbahnbetriebes, aus den wichtigsten staatlichen Rücksichten *in erster Linie* notwendig sei, für eine solche Führung des Eisenbahnverkehrswesens im Staate zu sorgen, die den allgemeinen, durch diesen Verkehr so sehr berührten volkswirtschaftlichen und nicht minder auch sozialen Interessen und damit aber auch den wohlverstandenen eigenen Interessen des Staates selbst am besten zu entsprechen geeignet ist und daß eine solche Führung des Eisenbahnbetriebes nur dann sicherzustellen möglich sei, wenn sich die Eisenbahnen im Besitze und in der *Eigenverwaltung* des Staates befinden, so daß derselbe alle ihm aus öffentlichen Rücksichten als nötig oder zweckdienlich erscheinenden Verkehrsmaßnahmen auf denselben *ohneweiters im eigenen unbeschränkten Machtbereiche* selbst zu treffen in der Lage ist.

Von dieser Auffassung ausgehend, war im alten Kaiserstaate in jahrzehntelangem, emsigem Zusammenwirken von Regierung und Parlament allgemach ein großes Staatseisenbahnnetz geschaffen worden, das zuletzt schon mehr als vier Fünftel der gesamten Eisenbahnen des Kaiserreiches umfaßte und das gegenwärtig nach dem Zusammenbruche des Reiches in der so sehr verkleinerten österreichischen Republik nach Übernahme auch der Südbahnlinien in den Staatsbetrieb fast alle Eisenbahnen des Bundesstaates in der Ausdehnung von rund 6000 Kilometern in sich begreift.

Da alle jene Erwägungen, die seinerzeit für den Übergang zum Staatsbahnsystem in Österreich bestimmend waren, auch heute noch volle Geltung besitzen, kann kein ausreichender Grund gefunden werden, der es für den Bundesstaat rechtfertigen würde, aus freien Stücken jetzt zu entgegengesetzten grundsätzlichen Anschauungen überzugehen und sich damit aus bloßen Zweckmäßigkeitsrücksichten des mühsam und kostspielig erworbenen staatlichen Eisenbahnbesitzes wieder zu entledigen.

Während der vieljährigen, seit der grundsätzlichen Wiederaufnahme des Staatsbahnsystems in Österreich verstrichenen Periode waren es stets die Wirtschaftsgruppen der Industrie, des Handels und der Landwirtschaft, die im eigenen Interesse am lebhaftesten für eine großzügige Fortführung der Verstaatlichungsaktion durch die Regierung eintraten.

Erst in der Session vom 7. Juni 1907 noch beschloß der Staatseisenbahnrat, in welchem die genannten Wirtschaftskreise für die

Beratung aller allgemeinen Angelegenheiten des Eisenbahnverkehrswesens ihre offizielle Vertretung besaßen, unter lebhafter Akklamation einmütig eine Resolution, in welcher er seinen Wunsch nach beschleunigter Fortsetzung der Verstaatlichungsaktion wiederholte und dem Eisenbahnministerium sogar empfahl, ein Verstaatlichungsgesetz zu erwirken, welches den Staat auf sein Verlangen zu seiner Einweisung in den Besitz und den Betrieb jeder der konzessionsmäßigen Einlösung unterworfenen Privatbahn gegen dem berechtige, daß von der Regierung noch vorgängig eine verpflichtende Erklärung über Preis und Modalitäten der Einlösung abgegeben werde, über welche eine gerichtliche Entscheidung vorzubehalten wäre.

Es muß daher Wunder nehmen, daß jetzt gerade Kreise der Industrie es waren, die gegenüber der Notlage, in welche die Bundesbahnen durch die große Weltkrise gleich den Eisenbahnen so mancher anderer Staaten geraten waren, zuerst die Geduld verloren und, trotzdem sich diese Notlage bei näherem Zusehen dank der gründlichen Arbeit der beiden berufenen ausländischen Experten nachträglich als eine nicht unbehebbare darstellte, doch ohneweiters am lautesten nach Entstaatlichung der Bundesbahnen riefen.

Es war in diesen Kreisen augenscheinlich vollkommen in Vergessenheit geraten, daß fast keine der Sessionen des Staatseisenbahnrates vorbeigegangen war, ohne daß nicht von Vertretern einzelner Wirtschaftsgruppen Klage darüber geführt wurde, daß sie bei den Direktoren der noch verbliebenen Privatbahnen selbst gegenüber billigen, von ihnen im Interesse der Volkswirtschaft gestellten, auch von der Regierung gutgeheißenen Anforderungen stets auf ein starres non possumus stießen, wenn diese Direktoren nicht aus den ihnen nahegelegten Maßnahmen für ihre Bahnlinien einen direkten finanziellen Vorteil zu errechnen vermochten.

3. Das durch die Neuorganisation der österreichischen Bundesbahnen geschaffene, die Natur eines Kompromisses in sich tragende Zwittergebilde im Vergleiche zu der zur selben Zeit für die deutschen Reichseisenbahnen unter Festhaltung an dem Grundsatze staatlicher Betriebführung erlassenen Neuordnung. Die Bundesregierung stand, wie bereits darauf hingewiesen wurde, als sie in der Zeit der ernstesten Notlage des Bundesstaates eben daranging, in Ausführung der in dem Genfer Protokolle bezüglich der Reorganisation der Bundesbahnverwaltung übernommenen Verpflichtungen, einen einschlägigen Reformplan aufzustellen und eine diesfällige Gesetzesvorlage auszuarbeiten, gerade jenem heftigen Drängen eines Teiles der Geschäftswelt nach ehester Privatisierung des Bundesbahnbetriebes gegenüber, in welcher diese Kreise damals das sicherste, wirklich Erfolg versprechende Mittel zur Rettung des Bundesstaates aus seiner Finanznot zu erblicken meinten.

Die Bundesregierung war einerseits bestrebt, diesem Drängen weitestmöglich entgegenzukommen. Anderseits konnte und wollte sie sich doch der Verpflichtung nicht entschlagen, dafür zu sorgen, daß durch die zu treffenden neuen Organisationseinrichtungen nicht am Ende den beim Bundesbahnbetriebe unumgänglich wahrzunehmenden staatlichen, volkswirtschaftlichen und sozialen Interessen ein unwiderbringlicher Abbruch geschehe.

In der Erkenntnis, daß ein solches Problem nicht zugleich nach beiden Richtungen hin restlos zu lösen möglich sei, beschritt sie den Weg des Kompromisses.

Der ersterwähnten Rücksicht trachtete sie dadurch Rechnung zu tragen, daß sie, wie bereits im zweiten Teile dieser Studie des näheren erörtert wurde, sich nicht bloß mit der administrativen Sonderstellung des von ihr gemäß der Anordnung des Wiederaufbaugesetzes für die Verwaltung der Bundesbahnen errichteten eigenen Wirtschaftskörpers gegenüber den übrigen Staatsverwaltungszweigen und der Zuerkennung der Eigenschaft einer selbständigen Rechtspersönlichkeit an denselben begnügte, sondern vielmehr diesen Wirtschaftskörper, damit ein vollständiges Novum schaffend, auf eine rein privatrechtliche Grundlage als in das Handelsregister einzutragender Kaufmann stellte und letzterem sohin als solchen das ganze Bundesbahnvermögen zur treuhändigen Verwaltung für den Bundesstaat überantwortete.

Nach der anderen Seite hin suchte sie die Wahrung der öffentlichen und insbesondere staatlichen Interessen im Bundesbahnbetriebe nicht nur durch die gleichfalls im zweiten Teile dieser Studie des näheren besprochene, ihr hinsichtlich wichtiger Punkte der Betriebsverwaltung gesetzlich vorbehaltene Einflußnahme, sondern ganz vorzüglich noch dadurch sicherzustellen, daß sie sich bezüglich der Auswahl der nach den Bestimmungen des Bundesbahngesetzes zur obersten Leitung und zur obersten Überwachung des Dienstes bei der neuen Betriebsunternehmung berufenen Personen teils ein selbständiges Ernennungsrecht, teils ein Bestätigungsrecht wahrte und sogar sich gesetzliche Möglichkeiten zur Wiederentfernung derselben von den ihnen übertragenen Funktionen offen ließ.

Eine Ausnahme wurde in diesen Beziehungen bemerkenswerterweise lediglich für die drei über Nominierung des Zentralausschusses des Personals der Bundesbahnen zu Mitgliedern der Verwaltungskommission berufenen Personen gesetzlich festgelegt.

Wie schon seinerzeit, gleich nach Veröffentlichung des von der Regierung für die Dienstorganisation der Bundesbahnverwaltung in Aussicht genommenen Reformplanes von der demselben in der Öffentlichkeit zuteil gewordenen Kritik erkannt und hervorgehoben wurde, kann unter solchen Umständen von einer vollen Unabhängigkeit des neu geschaffenen Betriebsunternehmens der Bundesbahnen gegenüber Einflüssen der Regierung keine Rede sein. Mit Ausnahme der eben genannten drei Vertreter des Personales in der Verwaltungskommission können vielmehr die sämtlichen zur obersten Leitung und bzw. Überwachung des Dienstes bei den Bundesbahnen berufenen Funktionäre in Wirklichkeit nur als Beauftragte der Regierung angesehen werden, die, unbeschadet einer ihnen bezüglich der Details der laufenden Wirtschaftsführung belassenen Selbständigkeit, hinsichtlich aller Fragen von größerem Belange ihre leitenden und bzw. überwachenden Funktionen gewiß nur im Einklange mit den Wünschen der Regierung unter Bedachtnahme auf deren grundsätzliche Stellungnahme zu solchen Fragen auszuüben vermögen.

War sohin wohl dem äußeren Anscheine nach durch die im Bundesbahngesetze für den Betrieb und die Verwaltung der Bundesbahnen vorgesehene Errichtung einer selbständigen Unternehmung unter der Firma „Österreichische Bundesbahnen" für diesen Zweck eine freiere Organisationsform geschaffen worden, so wurde doch infolge all der vorbesprochenen Vorbehalte in Wahrheit durch das Bundesbahngesetz keine wesentliche Änderung hinsichtlich des bisherigen Charakters der Verwaltung der Bundesbahnen herbeigeführt; es ist vielmehr die öffentliche Meinung im Rechte, wenn sie in den Bundesbahnen auch heute noch nach den neuen für dieselben erlassenen Organisationsbestimmungen nur einen, wenn auch selbständiger gestellten, so doch seiner Wesenheit nach immer noch unter staatlichem Einflusse stehenden öffentlichen Verwaltungszweig erblickt.

Am wenigsten entspricht unter solchen Verhältnissen das Treuhandverhältnis, das nach den ausdrücklichen Bestimmungen des Bundesbahngesetzes den Beziehungen des Betriebsunternehmens der österreichischen Bundesbahnen zum Bundesstaate zugrunde gelegt werden wollte, dem Wesen eines solchen Rechtsverhältnisses, das bekanntlich darin gelegen ist, daß der Treuhänder das ihm anvertraute fremde Vermögen in seinem eigenen Namen und im Interesse des Eigentümers desselben als des Treugebers sowie in Unabhängigkeit von diesem selbständig zu verwalten berufen ist, welches letztere Moment jedoch dem oben Gesagten zufolge bei dem in Frage stehenden Treuhandverhältnisse nicht zutrifft.

Nach alledem stellt sich die durch das Bundesbahngesetz für den Betrieb und die Verwaltung der Bundesbahnen neu geschaffene Dienstorganisation in Wirklichkeit lediglich als ein vorweg die Natur eines Kompromisses in sich tragendes Z w i t t e r g e b i l d e dar, das, nach keiner Seite hin klare Verhältnisse schaffend, auch nach keiner Seite hin volle Befriedigung auszulösen vermag.

Es konnte durch dieselbe dem Drängen industrieller Kreise nach einer doch nur bei gänzlicher Entstaatlichung erzielbaren vollständigen Kommerzialisierung und Privatisierung des Bundesbahnbetriebes nicht entsprochen werden.

Diesem Drängen teilweise nachgebend, konnten aber auch nicht solche Institutionen geschaffen werden, die der Öffentlichkeit vorweg die Gewähr bieten, daß den beim Betriebe der Bundesbahnen zahlreich auftretenden und wahrzunehmenden allgemeinen volkswirtschaftlichen und sozialen Rücksichten stets rechtzeitig und initiativvoll die wünschenswerte Beachtung zuteil werde.

Die Erkenntnis, daß ein solches Organisationswerk, das denn auch schon bei dem ersten Versuche, es ins Leben zu führen, versagt hat, unmöglich auf längere Dauer in Geltung gelassen werden kann, muß aber um so schwerer ins Gewicht fallen, wenn man bedenkt, daß infolge der durch das Bundesbahngesetz getroffenen organisatorischen Maßnahmen das gesamte in den Dienst der neu geschaffenen Unternehmung übergetretene bisherige bundesstaatliche Eisenbahnpersonal von mehr als 85.000 Bediensteten ohne weiteres bereits dauernd eine Minderung seiner rechtlichen Stellung über sich ergehen lassen muß, die sich denn doch nur bei Eintritt zwingendster Notwendigkeit rechtfertigen ließe.

Auch im Deutschen Reiche war im Verfolge des dort gleichfalls schon seit längerem bestandenen Bestrebens, die Verwaltung der Reichseisenbahnen von der allgemeinen Staatsverwaltung loszulösen, als gegen Ende des vorvorigen Jahres durch die Gestaltung der dortigen Währungsverhältnisse diese Frage für die von da ab zur Herstellung des Gleichgewichtes im Staatshaushalte bezüglich der Bestreitung ihrer Auslagen auf sich selbst gestellte Reichseisenbahnverwaltung besonders dringlich geworden war, durch eine mit gesetzlicher Ermächtigung erlassene Verordnung der Reichsregierung vom 12. Februar 1924, ebenso wie dies in der österreichischen Republik geschah, für den Betrieb der Reichseisenbahnen ein selbständiges Unternehmen mit eigener Rechtspersönlichkeit errichtet worden.

Diese Maßnahme erfolgte im Deutschen Reiche, trotzdem damals die Reichseisenbahnverwaltung nach einem von ihr aus eigener Kraft glücklich überwundenen Tiefpunkte, schon seit geraumer Zeit wieder die Deckung ihrer Ausgaben in ihren eigenen Einnahmen findend, keine Zuschußverwaltung mehr bildete.

Die deutsche Reichsregierung ließ sich aber hiebei, indem sie an dem Grundgedanken festhielt, daß die Reichseisenbahnen in erster Linie die Aufgabe haben, den allgemeinen volkswirtschaftlichen Interessen des Reiches zu dienen und daher am richtigsten und zweckmäßigsten vom Staate selbst betrieben werden, von der Notwendigkeit der Beibehaltung des staatlichen Charakters auch für das neu errichtete selbständige Betriebsunternehmen nicht abdrängen.

An die Spitze der diesfälligen Verordnung wurde mit klaren Worten die Bestimmung gesetzt, daß das Deutsche Reich selbst es sei, welches durch das neu geschaffene selbständige, eine juristische Person darstellende wirtschaftliche Unternehmen die im Eigentume des Reiches befindlichen Eisenbahnen betreibt und verwaltet und wurde sohin weiters ausgesprochen, daß die Geschäfte der Unternehmung „Deutsche Reichsbahn“ unter Aufsicht und Leitung des Reichsverkehrsministers geführt werden.

Bei solcher Ordnung der Dinge konnte sodann auch von der Reichsregierung dem großen Personale der deutschen Reichseisenbahnen die beruhigende Versicherung erteilt werden, daß an der rechtlichen Stellung der Bediensteten dieser Bahnen im Staate nichts geändert werde, dieselben vielmehr nach wie vor Reichsbeamte verbleiben.

Dieser Maßnahme der deutschen Reichsregierung ist nicht etwa deshalb eine ihren inneren Wert herabsetzende geringere Bedeutung beizumessen, weil derselben nur eine kurze vorübergehende Geltungsdauer beschieden war, an ihre Stelle vielmehr neuestens die Bewirtschaftung der Reichseisenbahnen durch eine eigenartige, auf die Dauer von 40 Jahren neu gebildete Aktiengesellschaft getreten ist.

Es unterliegt kaum einem Zweifel, daß, sobald die angeführte im vorhinein bestimmte Zeitdauer dieser nur unter dem Zwange der alliierten Siegerstaaten und nur für deren Spezialinteressen errichteten „Deutschen Reichsbahngesellschaft" abgelaufen oder es der deutschen Reichsregierung gelungen sein wird, sich von diesem Zwange durch ihre Reparationsleistungen schon früher zu befreien, von derselben für die weitere Bewirtschaftung der Reichseisenbahnen gewiß wieder unter Hochhaltung des Gedankens der staatlichen Betriebführung zu einer nur den Interessen des Reiches selbst dienenden Organisationsform zurückgegriffen werden wird.

4. Die Frage der Abtretung der österreichischen Bundesbahnen an eine eventuell zur gemeinsamen Betreibung der Staatseisenbahnen der Nachfolgestaaten der österreichisch-ungarischen Monarchie zu bildende internationale Betriebsgesellschaft. Gegenwärtig wird in der Tagespresse und in öffentlichen Versammlungen dem bereits in der Vorkriegszeit und namentlich in den ersteren Jahren des Weltkrieges, als die europäischen Mittelmächte noch eine dem Siege zustrebende starke Machtstellung einnahmen, eifrig erörterten Problem eines wirtschaftlichen Zusammenschlusses von Mitteleuropa erneut eine erhöhte Aufmerksamkeit zugewendet.

Bei den einschlägigen Erörterungen wurde vor allem darauf hingewiesen, daß es, um in dieser Richtung zu einem erwünschten greifbaren Ziele zu gelangen, eine allererste Voraussetzung bilden müsse, soweit es unter den gegenwärtigen Verhältnissen noch möglich sei, die wirtschaftlichen Zusammenhänge wieder herzustellen, die bis zum Zeitpunkte des Zusammenbruches des dieser Mächtegruppe angehörig gewesenen österreichischen Kaiserstaates zwischen den einzelnen Teilen desselben in jahrhundertlanger Zusammengehörigkeit sich fest eingewurzelt und ausgebildet hatten und nun durch den

Zerfall dieses Staates in eine Reihe kleinerer selbständiger Nationalstaaten zum Nachteile der ganzen festländischen europäischen Wirtschaft in gewaltsamer und irrationeller Weise dauernd zerstört worden sind.

Von fachlicher Seite[1]) wurde in Aufnahme und Weiterführung dieses Gedankens die Anschauung geltend gemacht und verfochten, daß sich eine solche möglichste Wiederherstellung der ehemals in Mitteleuropa bestandenen günstigeren Wirtschaftslage am ehesten und leichtesten auf dem wichtigen Gebiete des Eisenbahnverkehrswesens, u. zw. dadurch ermöglichen ließe, daß die Staatseisenbahnen aller in Betracht kommenden Nachfolgestaaten der österreichisch-ungarischen Monarchie zu einer verkehrswirtschaftlichen Einheit zusammengeschlossen werden und daß zum Zwecke ihrer gemeinsamen Betreibung nach einheitlichen Gesichtspunkten eine internationale Betriebsgesellschaft errichtet werde, an welche diese Staatsbahnen abzutreten wären.

In näherer Ausführung dieses Vorschlages wurde einerseits betont, daß diese Betriebsgesellschaft nur die für den internationalen Verkehr wichtigsten Linien der früheren österreichisch-ungarischen Monarchie zu umfassen hätte, wobei die staatshoheitlichen Funktionen der Territorialstaaten nicht angetastet werden sollen und nur die materielle Festsetzung der Tarife für die internationalen Verkehre an eine überstaatliche internationale Kommission zu übertragen wäre.

Anderseits wurde aber dieser Vorschlag doch dahin ausgeweitet, daß, um den hiebei in Betracht kommenden Nachfolgestaaten alle ökonomischen und wirtschaftspolitischen Vorteile eines einheitlichen Betriebes zu sichern, die neu zu errichtende internationale Betriebsgesellschaft die Staatsbahnlinien dieser Staaten in Pachtbetrieb zu übernehmen und dieselben in betriebsfähigem Zustande zu erhalten hätte, wogegen die zur Erhöhung ihrer Leistungsfähigkeit vorzunehmenden reicheren Investitionen von den Staaten zu tragen und durch Erhöhung der von der Gesellschaft zu zahlenden Pachtrate zu verzinsen und zu tilgen wären.

Zur Unterstützung der Zweckmäßigkeit dieser Vorschläge wurde insbesondere darauf hingewiesen, daß die neuzugründende internationale Betriebsgesellschaft bezüglich des Betriebes der ihr abgetretenen Staatsbahnlinien eine Aktionskraft gewinnen würde, die derjenigen gleichkäme, welche die deutschen Reichsbahnen durch die erst in jüngster Zeit für ihren Betrieb gebildete deutsche Reichsbahngesellschaft erlangt haben.

---

1) Anmerkung: Siehe in der „Neuen Freien Presse" Nr. 21.674 vom 15. Jänner 1925 den Artikel: „Der wirtschaftliche Zusammenschluß der Sukzessionsstaaten im Wege einer Eisenbahngemeinschaft" von dem Sektionschef a. D. Sigmund Solvis, und in Nr. 21.680 vom 21. Jänner 1925 den Bericht über einen vom Staatssekretär a. D. Dr. Elemer Hantos über den wirtschaftlichen Zusammenschluß der mitteleuropäischen Staaten gehaltenen Vortrag, enthaltend Ausführungen, die sich mit dem erstzitierten Artikel inhaltlich vollständig decken.

Diese Vorschläge haben vom speziell österreichischen Standpunkte aus auf den ersten Blick manches Bestechende für sich, wenn auf diesem Wege wirklich auf dem Gebiete des Eisenbahnverkehrswesens in leichter Weise der status quo von der Zeit vor dem Ausbruche des Weltkrieges, mindestens zum großen Teile wieder hergestellt werden könnte und dabei die gegenwärtig anders gearteten und begrenzten wirtschaftlichen Interessen der österreichischen Republik nicht am Ende Gefahr liefen, eine empfindliche Schädigung zu erleiden.

Durch die vorgeschlagene Errichtung einer internationalen Betriebsgesellschaft für den einheitlichen Betrieb der Staatsbahnlinien der ehemaligen österreichisch-ungarischen Monarchie würden jedoch, wie sich bei näherem Zusehen ergibt, nach beiden Richtungen hin in Wirklichkeit nur komplizierte, in keiner Weise schon von vorneherein die Gewähr eines leicht zu erreichenden günstigen Erfolges bietende Verhältnisse geschaffen werden.

Erstlich müßte schon die Lösung der Frage, welche heutige Staaten zur Teilnahme an der neu zu errichtenden Betriebsgesellschaft berufen wären und darnach ihre Staatsbahnlinien oder Bestandteile derselben an die letztere abzutreten hätten, die größten Schwierigkeiten bereiten.

Wenn bei dem gemachten Vorschlage zu diesem Zwecke ausdrücklich auf die gesamten Bahnlinien der österreichisch-ungarischen Monarchie hingewiesen wird, so kann nicht außer acht bleiben, daß speziell Ungarn, das gewiß durch den auch ihm aufgezwungenen Gewaltfrieden gleich der österreichischen Republik eine gänzlich irrationelle Zerreißung seiner dem Durchzugsverkehre dienenden großen Eisenbahnlinien erlitt, zur Zeit des Bestandes der Monarchie bezüglich der Stellung seines Eisenbahnwesens ein vollständig selbständiges Staatsgebiet bildete, daß daher eine allfällige Einbeziehung seiner Linien in die neu zu errichtende Betriebsgemeinschaft nicht vom Standpunkte der Wiederherstellung früher bestandener wirtschaftlicher Zusammenhänge, sondern nur von demjenigen einer Erweiterung des Aktionsgebietes der zu gründenden internationalen Eisenbahnbetriebsgesellschaft in Betracht kommen könnte, die aber bei dem ausgeprägten Selbständigkeitssinne der ungarischen Nation nicht leicht zu erreichen sein dürfte.

Anderseits kamen durch den Friedensvertrag von St. Germain wertvollste Bestandteile des ehemaligen österreichischen Staatseisenbahnnetzes nunmehr unter die Gewalt von Staaten, die, selbst im Besitze eines größeren Eisenbahnnetzes befindlich, die neu erworbenen Bahnlinien sicherlich nur im engsten Anschlusse an ihr eigenes Netz nach den Wirtschaftsinteressen des eigenen Reiches zu betreiben gewillt sind, daher diese Verkehrslinien nicht mehr zum unmittelbaren Aktionsgebiete der neu zu gründenden internationalen Betriebsgesellschaft gehören würden.

Dies gilt vor allem von dem wichtigen Triester Hafenplatze samt seinen unmittelbaren Zufahrtslinien und den Südtiroler Bahnen, die an das Königreich Italien übergegangen sind; und ähnliches ist auch von den galizischen Eisenbahnlinien zu sagen, die gleichfalls einen großen, ins Gewicht fallenden Bestandteil des ehemaligen österreichischen Staatsbahnnetzes bildeten und nun der neuen polnischen Republik zugehören.

Unter solchen Verhältnissen würde die zur Gründung in Vorschlag gebrachte internationale Eisenbahnbetriebsgesellschaft, weit entfernt nur der wünschenswerten Wiederherstellung ehemaliger günstigerer Vorkriegsverhältnisse zu dienen, ein vollkommen neues Gebilde auf dem Gebiete des mitteleuropäischen Eisenbahnverkehrswesens darstellen, das seine Zweckmäßigkeit und Aktionskraft sowie auch seine Ertragsfähigkeit erst zu erproben hätte. Nicht zulässig erschiene es, zur vergleichsweisen Abschätzung der letzteren von vorneherein die Rentabilitätsverhältnisse in Betracht zu ziehen, die sich seinerzeit bei den österreichischen Staatsbahnen unter ganz anderen Verhältnissen zeitweise schon zu einer Verzinsung bis gegen 4% erhoben hatten und übrigens auch damals von Jahr zu Jahr bedeutende Schwankungen aufwiesen.

Irrig ist es und geradezu irreführend wirkt es, wenn zur Begründung der Zweckmäßigkeit der Errichtung einer internationalen Betriebsgesellschaft für den Betrieb der ehemaligen Bahnlinien der österreichisch-ungarischen Monarchie darauf hingewiesen wird, daß dieser Betriebsgesellschaft ohne weiteres eine ähnliche Aktionskraft zukommen würde, wie eine solche die deutschen Reichsbahnen durch die Bildung der deutschen Reichsbahngesellschaft für deren Betrieb gewonnen haben.

Das Ziel, welches die deutsche Reichsregierung bei den mühevollen Verhandlungen über die dem Deutschen Reiche von den Ententemächten in deren Interesse aufgezwungene Bildung dieser Gesellschaft fest im Auge zu behalten hatte, war ein völlig gegenteiliges gegenüber denjenigen Tendenzen, die bei der Gründung einer internationalen Betriebsgesellschaft für den einheitlichen Betrieb der Bahnlinien der ehemaligen österreichisch-ungarischen Monarchie als die maßgebenden gelten müßten.

Die deutsche Reichsregierung hatte bei den Verhandlungen in dem zu diesem Zwecke niedergesetzten Organisationskomitee ihre ganze, schließlich vom Erfolge gekrönte Mühe dahin aufzuwenden, daß die Aktionskraft, welche der Verwaltung der Staatsbahnen des Reiches durch deren Zusammenschluß zu den einheitlichen deutschen Reichsbahnen gewonnen worden war, nicht durch die Internationalisierungsbestrebungen, welche die Ententemächte für die neu zu gründende Reichsbahngesellschaft ursprünglich verfolgten, zum Nachteile des Reiches wieder geschädigt werde, daß vielmehr auch dem nun in eine neue Form gegossenen Unternehmen unter Hintanhaltung einer Überfremdung seiner Verwaltung der deutsche

Charakter voll gewahrt bleibe und dasselbe sich auch in Zukunft als ein taugliches Instrument zum Schutze und zur Förderung der deutschen Wirtschaft erweisen könne und werde.

Wie stünde es dagegen mit der analog zu wünschenden und anzustrebenden Stellung der neu zu gründenden internationalen Betriebsgesellschaft als ein solches taugliches Instrument zur gleichzeitigen und gleichmäßigen Wahrnehmung der wirtschaftlichen Interessen von mehreren, heute souveränen Nachfolgestaaten, die sich zur Abtretung ihrer Bahnlinien an diese Gesellschaft zusammenzuschließen bereit wären?

Müßte man nicht fürchten, daß die letztere mit dieser Aufgabe sofort Schiffbruch leiden werde, wenn man nämlich erwägt, daß die wirtschaftlichen Interessen dieser Nachfolgestaaten keineswegs parallel laufen, sondern vielfach auseinanderfallen, so daß diese sich befehdenden Interessen schon zur Zeit, wo diese Nachfolgestaaten noch Bestandteile des österreichischen Kaiserstaates bildeten, wiederholt zu heftigen parlamentarischen Kämpfen Anlaß gaben?

Ist es unter solchen Verhältnissen denkbar, daß die Betreibung dieser Linien nach einheitlichen Gesichtspunkten ohne tiefste Schädigung der Hoheitsrechte der betreffenden einzelnen souveränen Territorialstaaten, zu welchen Rechten in erster Linie die Ausübung der Tarifhoheit zählt, statthaben könne?

Speziell die kleine, unter den Nachfolgestaaten des alten Kaiserstaates sowohl in finanzieller wie politischer Beziehung derzeit die schwächste Stellung einnehmende österreichische Republik hätte allen Grund zu fürchten, daß bei einer solchen nach einheitlichen Gesichtspunkten einzurichtenden Führung des Betriebes auf den der Gesellschaft abgetretenen Staatsbahnlinien gerade die Wahrnehmung ihrer Wirtschaftsinteressen zu kurz kommen würde.

Freiwillig werden sich wohl auch die übrigen Nachfolgestaaten, bei dem Hasse, der in den führenden Kreisen mancher derselben noch gegen den alten österreichischen Einheitsstaat fortbesteht, bei der Eifersucht mit der diese Staaten über die Erhaltung ihrer frisch errungenen Selbständigkeit wachen und bei dem Argwohne, den sie gegen alle Schritte hegen, durch die sie nach ihrer Meinung in die Gefahr gebracht werden könnten, früher oder später doch wieder einem dem alten einheitlichen Donaureiche ähnlichen Staatsgebilde zu verfallen, nicht zu dem in Rede stehenden, ihr ganzes wirtschaftlich so hochwichtiges Eisenbahnverkehrswesen erfassenden Zusammenschlusse verstehen.

Es könnte die Bildung einer Betriebsgemeinschaft unter denselben zu solchem Zwecke nur durch einen seitens der Ententemächte gebilligten Hochdruck des Völkerbundes erreicht werden.

Bei der Konstruktion des zu diesem Zwecke neu aufzurichtenden Gesellschaftskörpers würde wieder die österreichische Republik es sein, die am ehesten in Gefahr käme, mit der Wahrung ihrer Interessen in das Hintertreffen zu geraten, wenn man erwägt, daß gerade die maßgebendsten der in Betracht kommenden übrigen Nachfolgestaaten nach einer Fiktion heute unter die Siegerstaaten zählen und als solche eine bevorrechtete Berücksichtigung ihrer Interessen beanspruchen und im Konzerne der europäischen Mächte auch meist zur Geltung zu bringen verstehen, während dem heutigen kleinen Österreich, das auf Grund einer gleichen Fiktion als der nächste Erbe des besiegten österreichischen Kaiserstaates angesehen zu werden pflegt, alle Lasten eines besiegten Staates auf sich zu nehmen und mit seinen Interessen zurückzustehen zugemutet wird.

Nach all' dem Gesagten dürfte die vorgeschlagene Gründung einer, die Staatsbahnlinien der Nachfolgestaaten der österreichisch-ungarischen Monarchie erfassenden internationalen Betriebsgesellschaft kaum als ein anstrebenswertes Mittel zu betrachten sein, durch welches die österreichische Republik in die Lage käme, die nach ihrer geographischen Lage ihren Eisenbahnen zufallende Hauptaufgabe, dem großen Durchzugsverkehr zwischen Nord und Süd sowie zwischen Ost und West zu dienen, in einer bestmöglichen, auch der Verbesserung der Betriebserträgnisse zugute kommenden Weise zu erfüllen. Sie hätte vielmehr auch vom Standpunkte des möglichsten Schutzes der heimatlichen Wirtschaftsinteressen alle Ursache, allenfalls noch weiter auf die Verwirklichung eines solchen Projektes gerichteten Bestrebungen mit der größten Zurückhaltung und der größten Vorsicht zu begegnen.

Ein weitaus geeigneteres Mittel zur befriedigenden Lösung der erwähnten, der österreichischen Republik auf dem Gebiete des Eisenbahnwesens als Durchzugsland gestellten Aufgabe muß vielmehr in der reichen Erstellung von die Durchzugsverkehre fördernden staatlichen Tarifverträgen mit allen für diese Verkehre in Betracht kommenden auswärtigen Staaten und insbesondere auch mit den übrigen Nachfolgestaaten der österreichisch-ungarischen Monarchie unter selbstverständlicher Wahrung der Aufrechterhaltung des selbständigen Betriebes der Bundesbahnen durch den Bund erblickt werden, wie eine solche Konvention den Zeitungsnachrichten zufolge vor kurzem der Republik in glücklicher Weise mit Italien abzuschließen gelang.

Zu bedauern wäre es, wenn eine weitere Verfolgung der Idee der Gründung einer solchen internationalen Betriebsgesellschaft, die sich schließlich doch nur als ein nicht zu verwirklichendes Phantom erweisen müßte, etwa eine Verzögerung der unerläßlich notwendigen Neuorganisierung des bundesstaatlichen Eisenbahndienstes herbeiführen würde.

5. Entwicklung der einer abermaligen Neuordnung des bundesstaatlichen Eisenbahndienstes zugrunde zu legenden obersten Richtlinien bei

grundsätzlicher Organisierung des für die Betriebsverwaltung der Bundesbahnen aufzustellenden selbständigen Wirtschaftskörpers als eine vom Bundesstaate selbst zu verwaltende öffentliche Anstalt. Schreitet man nun unter grundsätzlicher Festhaltung, daß die österreichischen Bundesbahnen auch fernerhin im Eigentume des Bundes zu verbleiben haben, dazu, für eine gemäß den Betrachtungen am Schlusse des zweiten Teiles dieser Studie sich als unvermeidlich zeigende abermalige Neuorganisation ihrer Verwaltung die hiebei einzuhaltenden obersten Richtlinien aufzustellen, so muß es zunächst als selbstverständlich angesehen werden, daß auch bei dieser Neuorganisation in erster Linie an den im Wiederaufbaugesetze festgelegten, auch sachlich als durchaus richtig anzuerkennenden beiden Hauptgrundsätzen der Trennung der Betriebsverwaltung von der Hoheitsverwaltung und der Bildung eines eigenen Wirtschaftskörpers für die erstere festzuhalten sein werde.

Die nächste wichtige Aufgabe wird sodann darin zu erblicken sein, daß in Erfüllung der im Wiederaufbaugesetze noch weiter ausgesprochenen Forderung für den Dienst bei den Bundesbahnen zur Herbeiführung einer dauernden Sanierung ihres Betriebes, anders und besser als es im Bundesbahngesetze geschehen ist, eine solche Organisationsform in Anwendung gebracht werde, die ihrem Wesen nach wirklich eine Betriebführung nach kaufmännischen Grundsätzen zu ermöglichen und zu sichern vermag, wobei das Wesen einer solchen Organisation, wie schon wiederholt darauf hingewiesen wurde, darin zu erblicken sein wird, daß an die Spitze des zu bildenden Wirtschaftskörpers eine einzige leitende Persönlichkeit gestellt wird, die mit der weitestmöglichen Selbständigkeit hinsichtlich der Führung der Geschäfte ausgestattet ist, von der alle maßgebenden Befehle auszugehen haben und der alle übrigen Organe des Wirtschaftskörpers unterstellt und verantwortlich sind.

Die Wahl des zur Erreichung dieses Zieles zu beschreitenden Weges ist dem freien Ermessen des Bundes anheimgegeben.

Nach den eingehenden Darlegungen der vorliegenden Studie über die schweren Nachteile, welche sich aus der Durchführung der im Bundesbahngesetze geschaffenen Neuorganisation des Bundesbahnbetriebes für viele wichtige Beziehungen des Dienstes ergeben, dürfte es nicht zweifelhaft sein, daß von dem mit dieser Dienstorganisation unternommenen, schon einer halben Entäußerung der Bundesbahnen gleichkommenden Versuche, eine kaufmännische Betriebführung auf denselben durch die Errichtung eines, in der Eigenschaft eines handelsgerichtlich zu protokollierenden Kaufmannes, ganz auf privatrechtliche Grundlage gestellten Betriebsunternehmens hiefür, unter gleichzeitiger Erstellung eines bloßen, noch dazu nicht echten Treuhandverhältnisses zwischen dem letzteren und dem Bunde, herbeizuführen, eine dauernde Sanierung des Bundesbahnbetriebes nicht zu erhoffen ist.

Es erübrigt sonach zur Durchführung der beiden festzuhaltenden obersten Grundsätze der Trennung der Betriebsverwaltung von der Hoheitsverwaltung und der Errichtung eines eigenen Wirtschaftskörpers für die erstere nur, den bereits im zweiten Teile dieser Studie noch als gangbar bezeichneten anderen Weg ins Auge zu fassen, wonach dieser Wirtschaftskörper als eine vom Bundesstaate selbst zu verwaltende öffentliche Anstalt zu organisieren wäre.

Es steht dabei nichts im Wege, auch dieser Anstalt zum Zwecke ihrer möglichsten Selbständigstellung ohne weiteres den Charakter einer eigenen Rechtspersönlichkeit zuzusprechen.

Bei näherem Zusehen muß man zur Erkenntnis kommen, daß bei Betreten solchen Weges in der Tat für den ferneren Betrieb der Bundesbahnen um vieles einfachere und klarere Dienstverhältnisse geschaffen werden können, welche endlich die so sehr ersehnte dauernde Gesundung dieses Betriebes herbeizuführen vermöchten.

Wenn die oberste Leitung einer solchen für den Bundesbahnbetrieb zu errichtenden öffentlichen Anstalt gemäß der für dieselbe zu erlassenden näheren Organisationsbestimmungen einem entsprechend hochqualifizierten, mit den weitesten Vollmachten ausgerüsteten und in dauernder, voll entlohnter Berufsstellung stehenden hohen Staatsfunktionär übertragen und ihm das gesamte Dienstpersonal der Anstalt unterstellt wird, kann derselbe zweifellos so zur Führung des Bundesbahnbetriebes nach kaufmännischen Grundsätzen und in kaufmännischem Geiste ermächtigt und verpflichtet werden, wie es der bereits angeführten, in den am Eisenbahnbetriebe interessierten Geschäftskreisen allgemein vorwaltenden Auffassung über die notwendigen Voraussetzungen einer solchen Geschäftsführung entspricht und auch in dem Acworthschen Gutachten als wünschenswert bezeichnet wird.

Eine dergestalte Weiterführung des Bundesbahnbetriebes brächte aber auch den durchaus nicht geringer zu achtenden und nicht erst in die zweite Linie zu rückenden Vorteil mit sich, daß sodann die Wahrung der vielen mit dem Staatseisenbahnbetriebe unzertrennlich verbundenen und bei demselben vielmehr stets in erster Linie mit zu berücksichtigenden allgemeinen staats- und volkswirtschaftlichen sowie sozialen Interessen, wie sichs gebührt, unmittelbar in hiezu berufene staatliche Hände gelegt wäre.

Im österreichischen Bundesstaate bestehen noch eine Reihe anderer Betriebe, die, trotzdem sie zum Teile bei weitem nicht so innig wie das Eisenbahnwesen mit öffentlichen Verwaltungsinteressen zusammenhängen, doch staatlich geleitet werden und sogar größtenteils derzeit noch in den allgemeinen staatlichen Verwaltungsapparat eingegliedert sind, deren Geschäftsführung aber dessenungeachtet weit weniger der Anfechtung wegen mangelnden kaufmännischen Geistes ausgesetzt ist, als dies bisher der Verwaltung des staatlichen Eisenbahnwesens gegenüber geschah. Ja, gerade bei zwei großen solchen, gleich dem letzteren besonders öffentlichen Interessen dienenden Betrieben, nämlich dem Post-, Telegraphen- und Telephonwesen sowie dem Postsparkassenamte, fand deren bisher stets nur in die Hände hoher Staatsfunktionäre gelegte oberste Geschäftsleitung schon wiederholt gelegentlich öffentlicher Diskussionen die Anerkennung, daß sie von richtigem kaufmännischen Empfinden beseelt sei.

In Anbetracht der sonach nicht anzuzweifelnden Möglichkeit einer solchen kaufmännisch richtigen Geschäftsführung auch bei staatlich geleiteten Betrieben ist nicht abzusehen, warum gerade der Staatseisenbahndienst, auf dem wie auf keinem der anderen Betriebe eine ganz besonders hohe öffentliche Verantwortung lastet und dessen erfolgreiche Versehung ein besonders vielseitiges Fachwissen und umfassende Diensterfahrung erfordert, hinsichtlich der Stellung seines ganzen Dienstkörpers im Gesamtbereiche der öffentlichen Verwaltung sozusagen tiefer gehängt werden soll, so daß man sich schließlich begnügte, auch seine oberste Leitung, statt in die Hände eines hochgestellten Staatsfunktionärs zu legen, einer mehr oder minder in einer bloß privaten Stellung befindlichen Persönlichkeit anzuvertrauen.

Man wird nicht fehlgehen, wenn man einen der hauptsächlichsten Gründe für die bedeutenden Schwierigkeiten, die sich sofort bei der Inslebenführung der neuen Dienstorganisation gerade einer erfolgreichen Vorsorge für die oberste Leitung des Dienstes entgegenstellten, in der Mangelhaftigkeit und Verworrenheit der einschlägigen Bestimmungen des Bundesbahngesetzes erblickt.

Es wird mit Grund angenommen werden können, daß, wenn organisatorisch festgelegt wird, daß der oberste Leiter der für den Bundesbahnbetrieb aufzustellenden öffentlichen Anstalt ein in dauernder, hoher, voll entlohnter Diensstellung befindlicher Staatsfunktionär zu sein habe, sich auch prominente, in der Führung großer Betriebe bereits bewährte Fachmänner bereitfinden werden, sich ganz dieser großen, die volle Kraft eines Mannes erfordernden Aufgabe unter Abstandnahme von anderen ihnen etwa bis dahin zur Verfügung gestandenen lukrativen, aber der Unabhängigkeit ihrer künftigen Berufsstellung nichts weniger als förderlichen geschäftlichen Verbindungen zu weihen.

Schon im zweiten Teile dieser Studie war wiederholt darauf hingewiesen worden, daß in früheren Zeiten selbst auch auf dem Gebiete der staatlichen Eisenbahnverwaltung schon organische Einrichtungen bestanden haben, die nach ihrem grundlegenden Aufbau weitaus bessere Möglichkeiten für eine oberste Geschäftsführung bei den Staatsbahnen im kaufmännischen Geiste darboten, als eine solche nach der mit dem Bundesbahngesetze neu geschaffenen komplizierten Dienstorganisation der Bundesbahnverwaltung erzielt werden kann.

Es war dies der Fall, als in dem für die österreichische Staatseisenbahnverwaltung im Jahre 1884 erlassenen Organisationsstatute eine Generaldirektion der österreichischen Staatsbahnen neu errichtet und an deren Spitze in unmittelbarer Unterordnung unter den Handelsminister ein in der Eigenschaft eines Sektionschefs in hoher staatlicher Rangstellung stehender Präsident gesetzt worden war, dem persönlich ein denkbar weitester selbständiger Wirkungskreis zugesprochen und zu diesem Zwecke das ganze Personal der Staatsbahnen unterstellt wurde.

Daß diese Organisation der Staatseisenbahnverwaltung trotzdem keinen dauernden Bestand hatte, noch haben konnte, ist hauptsächlich daraus zu erklären, daß die damals neu errichtete Generaldirektion, weit entfernt, so wie dies heute als die erste und notwendigste Voraussetzung einer gesunden Betriebsorganisation erkannt und gefordert wird, als eine selbständige, außerhalb des übrigen staatlichen Verwaltungsapparates stehende und unabhängig von demselben wirkende Zentralverwaltungsstelle des Staatseisenbahnwesens organisiert zu werden, gerade umgekehrt als Quasisektion des zu jener Zeit bestandenen Handelsministeriums in hierarchisch engster Weise in diese oberste staatliche Verwaltungsinstanz eingegliedert und damit dem streng bureaukratisch geregelten und weitgehend politisch beeinflußten Geschäftsgange des allgemeinen staatlichen Verwaltungsdienstes unterworfen wurde.

Als der im Jahre 1884 zum ersten Präsidenten der neu errichteten Generaldirektion ernannte Sektionschef Freiherr von Czedik gleich anfänglich reformierend in alle Zweige des Dienstes eingriff, gab die gesamte Tagespresse in lauten Worten ihrer lebhaften Befriedigung darüber Ausdruck, daß nunmehr wahrer kaufmännischer Geist in die Verwaltung der österreichischen Staatsbahnen eingezogen sei.

Dies wurde aber schon in wenig Jahren anders, als der damalige Finanzminister Ritter v. Dunajewski, welcher in der dem Präsidenten der Generaldirektion organisatorisch eingeräumten vollen Selbständigkeit des fachlichen Wirkens eine Gefährdung der von ihm verantwortlich zu führenden staatlichen Finanzpolitik erblickte, über den Kopf des genannten Präsidenten weg beim Ministerrat und durch diesen beim Monarchen eine vom 28. Jänner 1886 datierte kaiserliche Entschließung dahin erwirkte, daß in den finanziell wichtigsten, in zehn Punkten zusammengefaßten Angelegenheiten der Staatseisenbahnverwaltung noch vor deren Entscheidung seitens des dem Präsidenten der Generaldirektion vorgesetzten Handelsministers das Einvernehmen mit dem Finanzminister zu pflegen sei.

Damit war für die Folgezeit die in der Öffentlichkeit dann so oft und vielfach beklagte weitgehende Abhängigkeit der Staatseisenbahnverwaltung von der staatlichen Finanzverwaltung begründet worden, die auch bei der später im Jahre 1896 über die maßgebende Initiative des damaligen Finanzministers Ritter v. Bilinski zustande gekommenen umfassenden Neuorganisation des staatlichen Eisenbahnwesens natürlich nicht geändert wurde und sodann bis zum Zusammenbruche des Kaiserstaates und noch darüber hinaus bis zur jüngsten Neuorganisation der Bundesbahnverwaltung andauerte.

Erst durch diese letztere war nun das oben erwähnte, einer gedeihlichen und fortschrittlichen Weiterführung des Bundesbahnbetriebes so hemmend im Wege gestandene Abhängigkeitsverhältnis von der staatlichen Finanzverwaltung dadurch vorweg in Wegfall gebracht worden, daß als oberste bei der vorzunehmenden Reform einzuhaltende Grundsätze die Trennung der Betriebsverwaltung von der Hoheitsverwaltung und die Bildung eines eigenen Wirtschaftskörpers für die erstere vorgeschrieben wurden.

Es wäre nun wohl am nächsten gelegen gewesen, für den weiteren Aufbau dieser Neuorganisation der Bundesbahnverwaltung, anstatt nach neuen, unerprobten und komplizierten Organisationsformen zu suchen, unter Festhaltung ihres Charakters als staatlich betriebene Anstalt ohne weiteres wieder insoweit auf die Bestimmung der Dienstorganisation der bestandenen Generaldirektion der österreichischen Staatsbahnen vom Jahre 1884 zurückzugreifen, als nach derselben in gesunder Weise die oberste Leitung des Dienstes genau so, wie es gegenwärtig allgemein und auch von dem englischen Gutachter Sir Acworth gefordert wird, ganz in die Hände eines einzigen mit den weitesten Vollmachten ausgerüsteten Mannes gelegt war, dem alle anderen, ihm zur Beihilfe beigegebenen Fachorgane der damaligen Staatsbahnverwaltung untergeordnet und verantwortlich erklärt waren.

Es kann nur dringend anempfohlen werden, bei einer nun nochmals vorzunehmenden Reorganisation der Bundesbahnverwaltung wieder diesen letzteren Weg zu beschreiten, der allein endlich zu der so sehr erwünschten dauernden Gesundung des Bundesbahnbetriebes zu führen vermag.

Wird der Verwaltung der Bundesbahnen fortab der Charakter einer vom Staate selbst bewirtschafteten öffentlichen Anstalt zuerkannt und wird zur obersten einheitlichen Leitung derselben demgemäß von der Bundesregierung ein nach seinem Fachwissen und Können geeigneter Mann in einer ihm zu verleihenden dauernden hohen Staatsanstellung berufen, so werden sodann auch die Beziehungen dieser Anstalt zu der Bundesregierung und zum Nationalrate, ähnlich wie die analogen Verhältnisse für die deutsche Reichsbahn nach der Verordnung vom 12. Februar 1924 geordnet wurden, in einer klaren und einfachen, ebensowohl den staatlichen Bedürfnissen wie den bestehenden verfassungsrechtlichen Zuständen möglichst Rechnung tragenden Weise und somit besser und zweckmäßiger geregelt werden können, als dies nach den in dieser Hinsicht gegenwärtig gültigen Bestimmungen der Fall ist.

Um dieser Anstalt hinsichtlich der Bewirtschaftung des ihr anvertrauten Bundesbahnvermögens die von ihr zur klaglosen Bewältigung ihrer wichtigen Verkehrsaufgaben benötigte größtmögliche

Bewegungsfreiheit zu sichern, dürfte auch weiterhin daran festzuhalten sein, daß die jährlichen Voranschläge über die Einnahmen und Ausgaben des Bundesbahnbetriebes nicht erst durch das der Beratung und Beschlußfassung des Nationalrates unterliegende Bundesfinanzgesetz festzustellen seien, sondern daß die Betriebsanstalt ihr Budget, losgelöst von dem allgemeinen Staatshaushalte, selbständig aufzustellen und dasselbe sohin nur der Genehmigung der Bundesregierung zu unterziehen habe. Innerhalb der Grenzen des genehmigten Budgets wäre dem selbständigen Leiter der Anstalt ein freies Virementrecht zuzugestehen und wäre derselbe nur zu verpflichten, sein ganzes Bemühen auf die Erreichung des Zieles zu richten, daß die Ausgaben des Betriebsunternehmens durch dessen Einnahmen dauernd gedeckt werden.

Der Bundesregierung wäre zur Pflicht zu machen, die von der Anstalt zu legenden Jahresrechnungen unter Festhaltung obiger Gesichtspunkte mit Hilfe des bundesstaatlichen Rechnungshofes, der unter solchen Verhältnissen schon nach der klaren Anordnung des Art. 121 des Bundesverfassungsgesetzes hiezu berufen erschiene, im administrativen Wege einer meritorischen Prüfung zu unterziehen und hätte sie sodann auf Grund des anstandslosen Ergebnisses dieser Prüfung der Anstalt die Entlastung bezüglich der Jahresrechnungen zu erteilen.

Sonach hätte in Übereinstimmung mit den diesfalls schon gegenwärtig gültigen Bestimmungen auch weiterhin eine direkte Einflußnahme des Nationalrates auf die Gebarung der Bundesbahnverwaltung, wie sie in der Feststellung ihres Budgets durch das seiner Beratung und Beschlußfassung unterworfene Bundesfinanzgesetz gelegen wäre, ausgeschaltet zu bleiben; in letzteres wäre, abgesehen von sonstigen dem Bunde aus dem Betriebe der Bundesbahnen noch erwachsenden Lasten oder zugehenden Einnahmen, speziell das Gebarungsergebnis der letzteren selbst eventuell nur mit einer einzigen Post einzustellen, sei es, daß dieselbe einen vom Bunde der Anstalt noch zu gewährenden Betriebszuschuß oder aber einen dem Bunde nach angemessener Dotierung einer ordnungsmäßig zu bildenden Rücklage zugute kommenden Reinüberschuß beinhalte.

Dem Nationalrate wären aber immerhin, um ihm bei Beratung des Bundeshaushaltes ein selbständiges Urteil über die Angemessenheit dieser Post und im allgemeinen über die Gebarung der Bundesbahnen überhaupt zu ermöglichen, von der ihm verantwortlichen Bundesregierung die von der Betriebsanstalt der Bundesbahnen jeweilig aufgestellten, von ihr genehmigten Rechnungsabschlüsse sowie die vom Bundesrechnungshofe über die Prüfung dieser Rechnungen erstatteten Elaborate vorzulegen.

Auch bezüglich der Aufnahme von Anleihen dürften die schon gegenwärtig im Bundesbahngesetze getroffenen Erleichterungen im wesentlichen weiterhin noch beibehalten werden können, so daß die

Anstalt vermöge ihrer eigenen Rechtspersönlichkeit solche Anleihen bis zu bestimmten positiv auszusprechenden Ziffergrenzen selbständig aufzunehmen berechtigt bliebe und zur Inanspruchnahme von Kredit über diese Grenzen hinaus nur der Zustimmung der Bundesminister für Handel und Verkehr sowie für Finanzen bedarf. Es hätte sonach bezüglich der Aufnahme von Anleihen für Zwecke der Bundesbahnen, soweit hiebei nicht die bücherliche Belastung von Bundeseigentum in Frage kommt, der sonst für Staatsanleihen vorgeschriebene Gesetzesweg ausgeschaltet zu bleiben.

Um der Gefahr entgegenzuwirken, daß am Ende der Anstalt durch eine zu kleinliche Auffassung bei der Bundesfinanzverwaltung die Zustimmung zur Aufnahme größerer Anleihen für solche Investitionen versagt werde, deren Produktivität als gesichert anzusehen ist, oder die aus Gründen der Betriebssicherheit sich als notwendig erweisen, ließe sich eine Abhilfe dadurch schaffen, daß die Entscheidung über die Aufnahme solcher Anleihen im Falle einer unüberbrückbaren diesfälligen Meinungsdifferenz zwischen der Leitung der Anstalt und dem Bundesminister für Finanzen der Beschlußfassung des Ministerrates oder eines von letzterem zu solchem Zwecke niederzusetzenden größeren Ministerkomitees vorbehalten werde.

Andere der Bundesregierung bezüglich des Betriebes der Bundesbahnen noch zu wahrende Vorbehalte hätten zu betreffen: erstlich, so wie bisher, die Ausübung der vollen Tarifhoheit auf Grund der von der Betriebsanstalt der Bundesbahnen zu erstattenden Anträge oder doch nach Einholung des Gutachtens derselben sowie eines eventuell errichteten Eisenbahnbeirates und zweitens die Genehmigung der Grundsätze für die von der Betriebsanstalt der Bundesbahnen zu erlassenden, die Bezüge ihres Personals regelnden Dienstvorschriften.

Letzterer Vorbehalt dürfte insbesondere wegen der Rückwirkung unerläßlich sein, welche diese Regelung erfahrungsgemäß sofort auf die Entlohnungsverhältnisse des sonstigen im Dienste des Bundes und seiner Betriebe stehenden Personales auszuüben pflegt.

Es dürfte auch zweckmäßig erscheinen, ähnlich dem Vorgehen der deutschen Reichsregierung schon im Gesetze diejenigen Voraussetzungen und Grenzen festzulegen, unter welchen bzw. innerhalb welcher es allein zulässig erschiene, den Bediensteten der Bundesbahnen hinsichtlich ihrer Entlohnung eine günstigere Behandlung als den sonstigen Angestellten des Bundes angedeihen zu lassen.

Selbstverständlich hätte schließlich der Bundesregierung auch die Ernennung des obersten Leiters (Präsidenten oder Generaldirektors) der Bundesbahnen zuzufallen und wäre ihr bezüglich der von letzterem zu ernennenden Hauptabteilungsvorstände der Generaldirektion und Bundesbahndirektoren das Recht der Bestätigung vorzubehalten.

Werden die Beziehungen der den Betrieb der Bundesbahnen führenden staatlichen Anstalt zu der Bundesregierung und zum Nationalrate nach den vorstehend angedeuteten Richtlinien geregelt, so wird die, unbeschadet der weitgehenden durch die Zuerkennung der eigenen Rechtspersönlichkeit bedingten Selbständigstellung jener Anstalt, durchaus nötige oberste staatliche Aufsicht über deren Gebarung in sachlich streng korrekten Grenzen in die Hände der Bundesregierung gelegt und zugleich auch dem Nationalrate, wie schon im zweiten Teile dieser Studie gelegentlich der Besprechung der Inkompatibilitätsbestimmungen des Bundesbahngesetzes des näheren erörtert wurde, die Möglichkeit gewahrt, auf Grund der ihm unterbreiteten Vorlagen durch die ihm verantwortliche Regierung eine regelmäßige indirekte Überwachung der Gebarung der Bundesbahnen auszuüben.

Ein Überwuchern politischer und speziell parteipolitischer Einflüsse ist, da ein solches auch gegenüber anderen staatlichen Betrieben bisher nicht beobachtet wird, bei einer derartigen gesetzlichen Regelung der Beziehungen des Nationalrates zum Bundesbahnbetriebe speziell für das Gebiet des Eisenbahnverkehrswesens um so weniger zu besorgen, als gerade auf diesem Gebiete eine besonders starke Gewähr gegen ein Überhandnehmen solcher Einflüsse eben in der gesetzlich festgelegten Selbständigkeit der den Betrieb der Bundesbahnen führenden Anstalt und ihrer vollständigen Loslösung von dem allgemeinen staatlichen Verwaltungsapparate gelegen ist.

Immerhin dürfte es sich empfehlen, in ein neu zu erlassendes Bundesbahngesetz die schon in dem bisher geltenden diesfälligen Gesetze enthaltene Bestimmung, u. zw. vielleicht nun mit noch mehr sachlicher Berechtigung und dementsprechendem Erfolge dahin aufzunehmen, daß eine Einflußnahme der Bundesverwaltung auf die Unternehmung „Österreichische Bundesbahnen" und deren Betrieb nur nach Maßgabe der geltenden gesetzlichen Bestimmungen stattzufinden habe.

Es wäre noch die Frage zu erwägen, ob es sich empfehle, zur besseren Sicherung der vielen beim Betriebe der Bundesbahnen zu wahrenden öffentlichen Interessen und zur näheren Überwachung der Geschäftsgebarung bei der diesen Betrieb führenden öffentlichen Anstalt zwischen dem leitenden Funktionär der letzteren und dem zur obersten Staatsaufsicht über die letztere berufenen Bundesminister ein aus einer kleineren Anzahl von Personen bestehendes Zwischenorgan einzuschieben, dem einige der dem Minister vorbehaltenen obersten Überwachungsagenden zur Besorgung in seinem Namen überlassen werden könnten.

Es wäre dies eine Körperschaft ähnlich der Verwaltungskommission des derzeitigen österreichischen Bundesbahngesetzes oder mehr noch, dem im Deutschen Reiche in der Verordnung vom 12. Februar 1924 in Aussicht genommenen „Verwaltungsrate", der aber dort bei der nur kurzen Geltungsdauer dieser Verordnung kaum in Ausführung gekommen sein dürfte.

Man kann nur sagen, daß, soweit in der Vergangenheit Versuche gemacht wurden, derartige Zwischenstellen zu errichten, die übrigens dermalen in Österreich auch bei anderen staatlichen Betrieben nicht bestehen, man fast nie mit denselben auf die Dauer günstige Erfolge erzielt hat.

Einer zur obersten Leitung des Dienstes berufenen, ihres selbständigen Schaffens wohlbewußten starken Persönlichkeit gegenüber — es kann das Bestreben nur dahin gehen, eine solche Persönlichkeit für diese Leitung zu gewinnen — laufen derartige im stillen bestehende und arbeitende Körperschaften erfahrungsgemäß nur zu sehr Gefahr, mit ihrem Wirken mehr oder minder bloß zu einer leeren Formalität herabzusinken. Wenn sich aber in einer solchen zur Überwachung des Dienstes berufenen Körperschaft selbst eine derart starke Persönlichkeit befindet, kann es nur zu leicht dahin kommen, daß dieselbe, übergreifend, die maßgebende Leitung des Dienstes selbst an sich reißt oder aber, daß, wenn ihr bei letzterer eine gleichfalls starke Persönlichkeit gegenübersteht, ein solches Verhältnis zur fortgesetzten Quelle unerquicklicher, den Dienstgang in unliebsamer Weise hemmender Reibungen wird.

Eine weitaus bessere Gewähr für die Sicherung einer stets auf die Wahrung der öffentlichen Interessen bedachten Geschäftsführung bei den österreichischen Bundesbahnen würde erzielt werden, wenn dem zur obersten Leitung des Dienstes bei derselben berufenen Funktionär gemäß der bereits im zweiten Teile dieser Studie enthaltenen näheren Erörterung zur Begutachtung aller wichtigen, die Allgemeinheit berührenden Fragen des Bundesbahndienstes ein Beirat zur Seite gesetzt werden würde, der, auf Grund freien Vorschlagsrechtes aller an diesem Dienste interessierten Wirtschaftsgruppen zusammengesetzt sowie durch ein liberales Statut mit weitgehenden Initiativrechten ausgestattet, seiner Begutachtungsarbeit unter Wahrung der Veröffentlichung seiner Beratungen und Beschlüsse nachzukommen berufen wäre.

Selbstredend hätte ein solcher Beirat, auch wenn er zur Herbeiführung und Sicherung einer intensiven gemeinsamen Arbeitsleistung dem obersten Leiter der Betriebsanstalt beigegeben werden müßte, doch auch direkt der Bundesregierung zur Begutachtung der von ihr in Ausübung ihres Tarifhoheitsrechtes zu treffenden Maßnahmen zu dienen.

Als unbedingt nötig muß es anknüpfend an die diesfälligen Ausführungen im zweiten Teile dieser Studie erachtet werden, für eine, entsprechend dem Zeitgeiste, auch in Zukunft aufrecht zu haltende und zur Erzielung eines möglichst günstigen Gesamterfolges auch sachlich wünschenswerte angemessene Beteiligung von Vertretern des Gesamtpersonales der Bundesbahnen an der obersten Verwaltung und Überwachung der Geschäftsführung beim Bundesbahnbetriebe durch eine hiefür in richtiger Begrenzung aufzustellende Organisationsform Sorge zu tragen und letztere schon in dem neu zu erlassenden Bundesbahngesetze selbst in ihren Grundzügen klar und vollständig festzulegen.

Bei der Begrenzung des diesen Personalvertretern einzuräumenden Wirkungskreises wird als erste und wichtigste Voraussetzung hiefür unverbrüchlich daran festzuhalten sein, daß die Mitwirkung derselben an der Verwaltung der Bundesbahnen unter keinen Umständen so weit gehen darf, daß durch sie die dem obersten Leiter der Anstalt verantwortlich obliegende Verpflichtung, seine Entscheidung in allen Angelegenheiten der Verwaltung nach seinem eigenen besten Ermessen zu treffen, irgendwie beengt oder verkürzt wird.

Das dieser Verpflichtung entsprechende freie Entscheidungsrecht muß demselben bei einer gemäß allgemeiner Forderung in kaufmännischem Geiste und nach kaufmännischen Grundsätzen zu regelnden Geschäftsführung, daher insbesondere auch bezüglich aller maßgebenden Angelegenheiten des großen und wichtigen Dienstgebietes der Personalwirtschaft, strengstens gewahrt werden.

Diesen Standpunkt festhaltend, kann die Betätigung von Vertretern des Personales bei der obersten Verwaltung und Überwachung der Bundesbahnverwaltung, entsprechend den in dieser Richtung vor dem Umsturze in Geltung gestandenen Vorschriften, auch für künftighin in ihrer Wesenheit nur als eine von denselben zu leistende Begutachtungsarbeit gedacht werden und es dürfte für die Durchführung einer solchen Einrichtung hauptsächlich nach zwei Richtungen hin nähere Vorsorge zu treffen sein.

Es wäre erstlich zu bestimmen, daß in dem eben früher besprochenen, dem obersten Leiter des Unternehmens der Bundesbahnen an die Seite zu setzenden Eisenbahnbeirat, ebenso wie dies bisher für die Zusammensetzung der Verwaltungskommission vorgeschrieben war, im Wege der Berufsorganisationen des Personales der Bundesbahnen frei zu wählende Vertreter dieses Personales in bestimmter Anzahl Sitz und Stimme zu erhalten haben.

Die Ingerenz des Personales der Bundesbahnen auf die allgemeine oberste Geschäftsgebarung beim Bundesbahnbetriebe hätte lediglich durch diese von ihm in den Eisenbahnbeirat entsendeten Vertreter zu erfolgen. Das Verhältnis der genannten Berufsorganisationen zu diesen Personalvertretern und ihre etwaige Einflußnahme auf deren Haltung bei den Beratungen des Eisenbahnbeirates wäre ähnlich zu denken demjenigen Verhältnisse, das in dieser Richtung auch zwischen den wirtschaftlichen Korporationen und den über deren Vorschläge in den Eisenbahnbeirat ernannten Mitgliedern des letzteren besteht.

Weiters dürfte es sich aber mit Rücksicht darauf, daß das Gesamtinteresse des Personales an einem richtigen Gange der obersten Verwaltung sich in erster Linie auf alle, das weite Gebiet der Personalwirtschaft berührenden Angelegenheiten der Verwaltung konzentriert und gerade diese eine Fülle von fortgesetzter Arbeit beanspruchenden Angelegenheiten in ihrer Mehrzahl den wirtschaftlichen Interessen der im Eisenbahnbeirate vertretenen Geschäftskreise ferner liegen, als zweckmäßig empfehlen, erstens für die Begutachtung von das Personalwesen berührenden, allgemeinen Verwaltungsfragen sowie zweitens zur Überwachung der Einhaltung der bereits erlassenen Personalvorschriften und allenfalls drittens auch noch zu einer vermittelnden Tätigkeit über Anrufung einzelner Angestellter dem obersten Leiter der Betriebsanstalt noch einen zweiten besonderen „Personalbeirat" beizugeben.

Für diesen Personalbeirat, der in seinem Hauptbestande unter Bedachtnahme auf die Bestimmungen des Betriebsrätegesetzes möglichst paritätisch aus den von den verschiedenen Berufsorganisationen des Personales frei gewählten Delegierten zu bilden wäre und an die Stelle der bisherigen offiziellen Personalvertretungen und insbesondere des „Zentralausschusses des Personales der Bundesbahnen" zu treten hätte, wäre gleichfalls wie für den Eisenbahnbeirat ein liberalen Auffassungen Rechnung tragendes, seinen Mitgliedern weitgehende Initiativrechte zubilligendes Statut aufzustellen und wäre dem Personalbeirate insbesondere gleichfalls wie dem Eisenbahnbeirate die Veröffentlichung seiner Verhandlungen und seiner Beschlüsse zuzusichern.

Strengstens ausgeschlossen müßte dagegen aus dem im Statute näher auszuführenden Wirkungskreise des Personalbeirates, wie schon gesagt, jede Tätigkeit desselben bleiben, die geeignet wäre, das der Anstaltsleitung in allen Einzelfällen zustehende und ihr unbedingt zu wahrende freie Entscheidungsrecht zu verkümmern oder zu hemmen.

Ein allfälliger Vorbehalt, daß eine von der Verwaltung auf dem Gebiete des Personalwesens zu ergreifende Maßnahme der ausdrücklichen Zustimmung des Personalbeirates bedürfe, bevor sie eingeführt werden könne, wäre nur auf ganz besondere, durch das zu erlassende Bundesbahngesetz selbst auszusprechende und strenge zu begrenzende Ausnahmsfälle einzuschränken.

Hatte selbst der Nationalrat sich im Interesse der gewollten Selbständigkeit des neuen Betriebsunternehmens der Bundesbahnen ohne weiteres zu einer Einschränkung der ihm sonst bezüglich der Verwaltung des Bundesvermögens verfassungsmäßig zustehenden Rechte durch das Bundesbahngesetz bereit gefunden, so wird sich auch das Personal der Bundesbahnen damit zufrieden geben müssen und zum Teile wohl auch gerne zufrieden geben wollen, daß seine Einflußnahme auf den Betrieb und die Verwaltung der Bundesbahnen in solche Schranken zurückgeführt werde, die sich noch mit einer streng objektiv geordneten und namentlich nach kaufmännischen Grundsätzen und im kaufmännischen Geiste geführten Verwaltung als verträglich erweisen.

In der dem Personalbeirate zuzusichernden Veröffentlichung seiner Verhandlungen dürfte das Personal der österreichischen Bundesbahnen die beste Gewähr dafür finden können, daß seinen berechtigten

Anforderungen an maßgebender Stelle wie auch in der Allgemeinheit die nötige Beachtung werde geschenkt werden. Auch bei der Handhabung des Personalwesens etwa unterlaufene Ungehörigkeiten vermöchte der Personalbeirat bei seinen Verhandlungen in Ausübung der ihm übertragenen Überwachungstätigkeit mit gebührendem Nachdrucke zur Erörterung zu bringen.

Letzten Endes dürfte auch die große sozialdemokratische Partei sich der Einsicht nicht verschließen können, daß die ihr in den schwankenden Anfangszeiten der Republik über die Schranken einer geordneten, streng objektiven Verwaltung weit hinausgehend zugefallene parteimäßige Einflußnahme auf die Handhabung des Personalwesens bei den Bundesbahnen sich auf die Dauer nicht aufrecht erhalten lasse, und daß der ihr innewohnenden Organisationskraft in Wahrheit kein Abbruch geschehe, vielmehr ihr eigenes Ansehen in der Allgemeinheit nur gewinnen könne, wenn diese Einflußnahme in solche Grenzen zurückgeführt wird, die auch in allen anderen und selbst auch in unter sozialdemokratischem Einflusse regierten Staaten als die für eine Beteiligung des Personales an der Verwaltung äußerst zulässigen angesehen und festgehalten werden.

6. Die aus mehrfachen Dienstesrücksichten sich ergebende Notwendigkeit kräftigster Wahrung der dienstlichen Rechtsstellung des Personales der Bundesbahnen als besonders triftiger Beweggrund für die Organisierung der letzteren als eine vom Staate selbst zu betreibende öffentliche Anstalt. Ein ganz besonders triftiger Beweggrund, die Bundesbahnen für die Zukunft als eine vom Staate selbst betriebene öffentliche Anstalt zu organisieren, muß, wie nun am Schlusse dieser Studie noch näher erörtert werden soll, in der Möglichkeit erblickt werden, dadurch eine der bedauerlichsten Folgen der gegenwärtig neu in Geltung gesetzten Dienstorganisation zu vermeiden oder, soweit sie mittlerweile bereits eingetreten wäre, wieder rückgängig zu machen, nämlich die Minderung der Rechtsstellung des großen in den Dienst der neuen Unternehmung „Österreichische Bundesbahnen“ überführten bisherigen staatlichen Bundesbahnpersonales.

Gewiß müssen die der Verwaltung auf dem Gebiete des Personalwesens obliegenden Fürsorgemaßnahmen in allererster Linie darauf gerichtet sein, daß die Entlohnung des Personales in einem solchen Ausmaße geregelt werde, welches dem Umfange des von demselben geforderten Fachwissens, den Anstrengungen und Gefahren seines Dienstberufes und der ihm bei seiner Dienstausübung der Öffentlichkeit gegenüber auferlegten Verantwortlichkeit entspricht und diesem Personal ein auskömmliches Dasein sichert.

Es bestehen aber neben der Entlohnungsfrage noch wichtige Imponderabilien, die ganz besonders auf die Berufsfreudigkeit des einzelnen Bediensteten einzuwirken geeignet sind. Dahin zählt vor allem das Ansehen, das seinem Berufsstande in der Öffentlichkeit allgemein zuerkannt wird.

In dieser Richtung ist es nicht zweifelhaft, daß es für in öffentlichen Berufen Angestellte zu allen Zeiten als das Ehrenhafteste gegolten hat, im Dienste des Staates selbst, des obersten gesellschaftlichen Gemeinwesens zu stehen und in diesem am höchsten zu schätzenden dienstlichen Berufsstande für sich und ihre Angehörigen eine lebenslänglich gesicherte Versorgung zu finden.

Es kann daher der im Interesse des Dienstes sorgsam zu pflegenden Berufsfreudigkeit des großen bundesstaatlichen Eisenbahnpersonales unmöglich förderlich sein, wenn dieses Personal, das durch eine vieljährige treue Dienstleistung eine solche ehrenvolle Berufsstellung auf Lebensdauer sich erworben und gesichert zu haben glauben konnte, sich nun plötzlich ohne sein Zutun durch einen von außen auf dasselbe geübten Zwang in eine private Dienststellung zurückgestoßen sieht, der gegenüber es sogar um die Anerkennung der bisherigen Unkündbarkeit seines Dienstverhältnisses zu kämpfen bemüssigt ward und in welcher es überdies Gefahr läuft, mancher der ihm nach seiner bisherigen staatlichen Anstellung gebührenden und ihm nach jahrelangen Bemühungen erst teilweise erkämpften Prärogativen, wie insbesondere der Erwerbung der Heimatszuständigkeit schon durch die Ernennung, der Befreiung von der Geschwornenpflicht und von Steuerzuschlägen, des den Staatsbediensteten in mehrfachen Beziehungen zustehenden erhöhten strafrechtlichen Schutzes etc. wieder zur Gänze verlustig zu werden.

Wie niederdrückend muß es auf die Berufsfreudigkeit des Personales wirken, wenn es sieht, daß gegenüber den in anderen staatlichen Betrieben Angestellten, die, wie beispielsweise ein Großteil der Post- und Telegraphenbediensteten, lange nicht so physisch angestrengte, öffentlich verantwortliche, mit Gefahren für Leib und Leben verbundene und umfassende Fachkenntnisse erfordernde Arbeiten zu leisten haben wie die Eisenbahnbediensteten, oder die sogar solchen Betrieben angehören, die nicht Bestandteile der öffentlichen Verwaltung selbst bilden, sondern vom Staate nur als Finanzquellen bewirtschaftet werden, gar nicht versucht wird, so wie es jetzt zwangsweise ihm gegenüber geschieht, an ihrer bevorrechteten Dienststellung als direkte Bundesangestellte zu rütteln.

Und dazu kommt noch, daß bei dem auf das bisherige Bundesbahnpersonal hinsichtlich seines Übertrittes in den Dienst der neuen selbständigen Betriebsunternehmung der österreichischen Bundesbahnen ausgeübten Zwange unter den gegenwärtigen traurigen Zeitverhältnissen eine noch größere Härte zur Anwendung gebracht werden muß, als eine solche seinerzeit Platz griff, als es sich in den Jahren 1854 und 1858 anläßlich des Verkaufes der damaligen

Staatseisenbahnen, gleichfalls um die Frage des Übertrittes der Staatseisenbahnbediensteten jener Zeit in den Dienst der neu errichteten Eisenbahngesellschaften handelte.

Damals, das ist also zu Zeiten, wo die peinlichste Rücksichtnahme auf das soziale Wohl der Angestellten noch lange nicht so ausgesprochen wie in der Neuzeit zu dem obersten Pflichtenkreise der Arbeit gebenden Unternehmungen zählte, war jenen Staatseisenbahnbediensteten, die sich nicht entschließen konnten, in den Privateisenbahndienst überzutreten, ein Begünstigungsjahr unter ihrer Belassung im Genusse ihrer systemmäßigen Aktivitätsbezüge eingeräumt worden, während dessen die Regierung selbst sich bemühte, solche Beamte und Diener in anderen staatlichen Verwaltungszweigen auf Staatsdienstposten unterzubringen. Erst wenn dies in dieser einjährigen Frist nicht gelang, fielen dieselben der normalmäßigen Behandlung im Wege ihrer Inruhestandversetzung anheim.

Dieser Weg war in der Gegenwart, wo in allen staatlichen Verwaltungszweigen eine derartige Überfüllung von Personal vorwaltet, daß bei denselben nur ein Personalabbau, nicht aber eine Übernahme von Bediensteten aus einem anderen Verwaltungszweige in Betracht kommen kann, nicht gangbar.

Wenn nun infolgedessen in das Bundesbahngesetz die Bestimmung aufgenommen werden mußte, daß Bundesbahnangestellte, die ihrer Überführung in den Dienst der Betriebsunternehmung der österreichischen Bundesbahnen nicht zustimmen, ohneweiters nach den Vorschriften über den Angestelltenabbau zu behandeln seien, so muß in dieser Bestimmung eine, wenn auch notgedrungene, so doch gegenüber der humaneren Vorgangsweise in den Fünfzigerjahren des vorigen Jahrhunderts bedeutende Verschärfung des auf die Bundesbahnbediensteten hinsichtlich der fraglichen Überführung geübten Zwanges erblickt werden, die auf solche Bedienstete, bei welchen sonst die Voraussetzungen für den Abbau nicht zutreffen, fast wie eine Strafsanktion wirken muß.

Erwägt man all dies, dann muß man zu der Erkenntnis kommen, daß bei einer nun neuerlich vorzunehmenden Reorganisation der Bundesbahnverwaltung die in dem derzeit geltenden Bundesbahngesetze vorgesehene Entrechtung des bisherigen staatlichen Bundesbahnpersonales von der zum kräftigsten Schutze der vitalen Standesinteressen dieses Personales verpflichteten Staatsgewalt doch nur dann aufrecht erhalten werden könnte, wenn sich für die in erster Linie unbeirrbar anzustrebende dauernde Sanierung des Bundesbahnbetriebes ein anderer Weg nicht als gangbar erweisen würde.

Wenn sich nun bei der Suche nach einer für die Neuordnung der Bundesbahnverwaltung tauglichen Organisationsform herausstellt, daß diesfalls zwei Wege beschritten werden können, von welchen nur der eine eine derartige Entrechtung des Bundesbahnpersonales bedingt, während bei der Wahl des anderen eine solche vermieden werden kann, wird man sich unbedingt der Erkenntnis hingeben müssen, daß für die hienach zwischen diesen beiden Wegen zu treffende Wahl die dem Bundesstaate obliegende Pflicht des weitestmöglichen Schutzes des von ihm zur Ausübung des Dienstes beim Bundesbahnbetriebe benötigten und berufenen Personales so schwer ins Gewicht zu fallen hat, daß der diesen Schutz ermöglichende Weg selbst dann gewählt werden müßte, wenn auf dem anderen die Entrechtung des Personales bedingenden Wege sich in sachlicher Beziehung einigermaßen noch erheblichere Vorteile erreichen ließen.

Nun geht aber aus den eingehenden Darlegungen der vorliegenden Studie ganz im Gegenteil hervor, daß bei Annahme der in ihrem Wesen eine Entrechtung des Personales vermeidenden, auch dem im Deutschen Reiche mit der Verordnung vom 12. Februar 1924 eingehaltenen Vorgange entsprechenden Organisationsform der Führung des Bundesbahnbetriebes als staatliche Anstalt sogar klarere und einfachere, die Sanierung des letzeren besser fördernde Organisationsverhältnisse geschaffen werden können und es kann daher keinen Augenblick zweifelhaft bleiben, daß es sich auch von diesem wichtigen Gesichtpunkte aus bei der nun neuerlich vorzunehmenden Reform des Bundesbahnbetriebes dringend empfehle, zu dieser das Personal in seinen Rechten schützenden Organsationsform zu greifen, d. i. also die Bundesbahnen als eine staatlich zu betreibende öffentliche Anstalt zu organisieren.

Es kommen aber noch zwei weitere wichtige, das Personalwesen betreffende Erwägungen hinzu, welche gleichfalls dringend dafür sprechen, daß bei der nun nochmals vorzunehmenden Umorganisierung des Bundesbahnbetriebes tatsächlich dieser letztere Weg beschritten werde.

Aus Anlaß des erst vor wenig Monaten überwundenen allgemeinen Streiks der Bundesbahnangestellten wurden, wie dies schon bei früheren solchen Vorkommnissen der Fall war, diesmal aber sogar noch nachdrücklicher in industriellen und gewerblichen wie auch in landwirtschaftlichen Verbänden Protestkundgebungen beschlossen, in welchen unter Hinweis auf die schweren Schäden, die alle Wirtschaftskreise erleiden, wenn durch Ausstandsbewegungen der in öffentlichen Betrieben Angestellten solche Betriebe in weiterem Umfange zu einem zeitweisen Stillstande gebracht werden, die Erlassung eines allgemeinen Streikverbotes für alle öffentlich Angestellten oder, soweit die Diensteseverweigerung schon nach den für dieselben bestehenden dienstpragmatischen Vorschriften als ein unter strenger Strafsanktion stehendes schweres Dienstvergehen erklärt ist, die schärfste Handhabung dieser Vorschriften zur künftigen Hintanhaltung oder Bekämpfung solcher Streikbewegungen gefordert werden.

Wenn auch die Verweigerung des Dienstes, soweit der einzelne Bedienstete in Frage kommt, zweifellos ein schweres, bis zur Dienstesentlassung zu bestrafendes Dienstvergehen desselben bildet, so kann man doch anderseits die Augen nicht dagegen verschließen, daß jede gegenüber dem einzelnen noch so scharfe Strafandrohung ihre

Wirkung versagt, wenn das ganze in einem großen öffentlichen Betriebe angestellte Personal, von seinen heute nicht mehr zu beseitigenden gewerkschaftlichen Organisationen geführt, sich entschließt, zur Durchsetzung seiner Forderungen im Lohnkampfe zu dem äußersten Mittel der Stillegung des betreffenden Betriebes im ganzen Staatsumfange zu schreiten und wenn dann nicht eine starke Staatsgewalt mit den ihr zu Gebote stehenden Machtmitteln den Kampf gegen eine solche weitausgreifende Streikbewegung mit Aussicht auf Erfolg aufzunehmen vermag.

Kleine und schwache Staatsgebilde, die wie die österreichische Republik über solche ausreichende Machtmittel nicht verfügen, sind natürlich im Falle des Ausbruches eines solchen Lohnkampfes viel übler daran und auch die sogenannte „technische Nothilfe“, die man von staatswegen für solche Streikfälle zu organisieren versucht, vermag nur gegenüber sehr partiellen, meist politischen Ausständen, nicht aber bei weitausgedehnten, das gesamte Personal eines großen öffentlichen Verwaltungszweiges im gemeinsamen Lohnkampfe gleichmäßig erfassenden Streikbewegungen eine halbwegs ausreichende Abhilfe zu gewähren.

In solchen Staatsgebilden wird die Regierung, soferne sie in den dem Personale gemachten Zugeständnissen bereits bis zu den äußersten, ohne Gefährdung des Staatswohles noch möglichen Grenzen gegangen ist, in der ihr obliegenden Wahrung des Staatsinteresses weit eher und leichter zum Ziele gelangen, wenn sie durch ethische Einwirkung auf dieses Personal dasselbe zur Erkenntnis der ihm als Gegenleistung für die ihm lebenslänglich im öffentlichen Dienste gesicherte ehrende Berufsstellung obliegenden Treupflicht gegen den Staat und dessen Interessen und damit zu der Einsicht zu bringen sich bemüht, daß es das Maß seiner Ansprüche innerhalb solcher Grenzen zu halten verpflichtet ist, die sich mit den unabweisbaren Bedürfnissen des allgemeinen staatlichen Lebens noch vertragen.

Der Regierung wird eine solche Einwirkung viel eher gegenüber einem Personale gelingen, das in seiner Dienststellung selbst dem staatlichen Verwaltungsapparate möglichst enge angegliedert ist und damit sich selbst — wohl auch im eigenen wohlverstandenen Interesse — zur Wahrung der staatlichen Bedürfnisse verpflichtet fühlen muß, als gegenüber einem, wenn auch in einem öffentlichen Betriebe verwendeten, so doch in einer bloßen Privatdienststellung befindlichen Personale.

Es dürfte daher von diesem Gesichtspunkte aus kaum der Klugheit entsprechen, gerade das große bisher staatliche Eisenbahnpersonal, in dessen Hände die Ausübung so hochwichtiger, für das gesamte gesellschaftliche und wirtschaftliche Leben im Staate geradezu unentbehrlich gewordener öffentlicher Dienstfunktionen gelegen ist, ohne zwingendste Notwendigkeit in eine mehr private Dienststellung zu überführen und dasselbe damit weitaus mehr den Einflüssen und Werbungen verschiedenster, im Lohnkampfe viel häufiger und rücksichtsloser mit der Anwendung des Streikmittels arbeitender Parteiorganisationen auszuliefern.

Nicht minder zu denken gibt auch, wie schließlich noch hervorgehoben werden soll, die Tatsache, daß infolge der bereits besprochenen, die künftige rechtliche Stellung des Personales der Bundesbahnverwaltung regelnden Bestimmungen des Bundesbahngesetzes die Ausübung des staatlichen Eisenbahndienstes selbst, u. zw. speziell diejenige des staatlichen Hoheits- und Oberaufsichtsdienstes Gefahr läuft, in der Zukunft einer von Jahr zu Jahr steigenden qualitativen Verschlechterung zu verfallen.

Als im Jahre 1882 für den kurz vorher in größerem Umfange wieder aufgenommenen Staatseisenbahnbetrieb die erste Dienstorganisation aufgestellt worden war, hatte es niemand begriffen, warum damals anders als dies in den Zeiten des ersten Staatseisenbahnbetriebes in den Fünfzigerjahren gehalten worden war, den doch vom Staate für einen staatlichen Betrieb dauernd aufgenommenen Bediensteten nicht von vorneherein der aus der Natur der Sache sich von selbst ergebende Charakter von Staatsbediensteten zuerkannt wurde, sondern dieselben vielmehr in der Eigenschaft von bloß dem Staate dienenden Privateisenbahnbediensteten weitergeführt wurden.

Es war diese Maßnahme, durch die für die neuen staatlichen Eisenbahnbediensteten ein eigener, streng gesonderter und wesentlich privatgesellschaftlich geregelter Dienstkörper geschaffen wurde, um so unverständlicher, als doch durch die Judikatur anerkannt war, daß auch der Betrieb wirtschaftlicher Unternehmungen als eine Erfüllung von Staatsaufgaben und damit als ein Regierungsgeschäft anzusehen sei.

Schon bei der nach einem bloß zweijährigen Intervalle im Jahre 1884 erfolgten Neuorganisation des Dienstes der Staatseisenbahnverwaltung war diese unhaltbare Auffassung aufgegeben und vielmehr ausgesprochen worden, daß auf die definitiv angestellten Beamten, Unterbeamten und Diener der Staatseisenbahnverwaltung die für Staatsbeamte und Staatsdiener geltenden Normen sinngemäße Anwendung zu finden haben, insoweit nicht die besonderen Bestimmungen des Organisationsstatutes (über die Ruheversorgung durch besondere Pensionsinstitute und über ein eigenes Verfahren in Disziplinarangelegenheiten) eine Verschiedenheit der Rechte und Pflichten bedingen.

Dem Handelsminister war damals bereits das Recht vorbehalten worden, die wechselseitige Dienstesverwendung von Organen des Handelsministeriums und der Generalinspektion der österreichischen Eisenbahnen, das ist also von Organen, die mit der Ausübung des staatlichen Hoheits- und Oberaufsichtsrechtes befaßt waren, und von Organen der Staatseisenbahnverwaltung zu verfügen.

Auch die Neuorganisation des staatlichen Eisenbahnwesens vom Jahre 1896 hielt grundsätzlich an demselben Standpunkte fest. Da von da ab auf dem Gebiete des Eisenbahnwesens der staatliche Hoheits- und Oberaufsichtsdienst sowie die oberste Leitung des Staatseisenbahndienstes in dem neu errichteten Eisenbahnministerium und seinen Hilfsorganen zu einem großen einheitlichen Ressortdienste zusammengelegt worden waren, wurde das Bedürfnis ein noch größeres, im Interesse der steten Befruchtung des Dienstes einen lebhaften Personenaustausch zwischen den einzelnen Dienststellen des staatlichen Eisenbahnressort zu ermöglichen.

Schon der erste Eisenbahnminister, Feldmarschalleutnant Ritter von Guttenberg, richtete daher auf Grund eines von ihm eingeholten Gutachtens des Justizministeriums sein eifriges Bemühen dahin, durch Beseitigung der Verschiedenheiten, die noch in der Regelung der Dienstverhältnisse einerseits der Staatsbediensteten und anderseits der Staatseisenbahnbediensteten vorwalteten, die Vorbedingungen für einen solchen regeren Personenaustausch zu schaffen, auf welchen er namentlich hinsichtlich der technischen und betriebsfachlichen Zweige des Dienstes nicht verzichten zu können erklärte, wenn das durch die Neuorganisierung der staatlichen Eisenbahnverwaltung angestrebte Ziel erreicht und die letztere auf die Höhe der ihr gesetzten Aufgaben gebracht werden soll.

Die auf die völlige Verschmelzung der beiden Kategorien von staatlichen Bediensteten gerichteten Bestrebungen wurden auch weiterhin unentwegt fortgesetzt, bis nun plötzlich durch die neue Dienstorganisation der Bundesbahnverwaltung dieselben für die weitere Zukunft wieder abgebrochen erscheinen und im Gegensatze zu denselben nun mit einem Schlage jener ungesunde Zustand wieder hergestellt wurde, der im Jahre 1882 vorgewaltet hatte und von dem damals in Erkenntnis seiner Unhaltbarkeit schon in kürzester Zeit Umgang genommen wurde.

Im Deutschen Reiche ist im starken Gegensatze zu dieser Vorgangsweise auch neuestens, wo der Betrieb und die Verwaltung der bisherigen Reichseisenbahnen sogar ganz in die Hände einer eigens zu diesem Zwecke neu errichteten Betriebsgesellschaft, der „Deutschen Reichsbahngesellschaft“, gelegt wurde, doch durch das Reichsbahngesetz und durch ein eigenes Reichsbahnpersonalgesetz den in den Dienst dieser Gesellschaft übernommenen bisherigen Beamten der deutschen Reichsbahn auch für die Zukunft die Rechtssellung von öffentlichen Beamten im Sinne der Reichsverfassung gewahrt worden, so daß denselben auch weiterhin alle den Reichsbeamten zustehenden öffentlichen Rechte und Prärogativen, soweit dies mit dem Wesen und Zweck der Reichbahngesellschaft vereinbar ist, gewährleistet bleiben.

Nach der Bestimmung des österreichischen Bundesbahngesetzes (§ 4) haben dagegen wohl die im Eisenbahnwesen bei der Hoheitsverwaltung sowie im staatlichen Oberaufsichtsdienste verwendeten Beamten nach wie vor direkte Bundesbeamte zu verbleiben.

Die Dienstverhältnisse der Angestellten der bisherigen Bundesbahnen, die in den Dienst der Unternehmung „Österreichische Bundesbahnen“ zu überführen sind, sollen jedoch auf Grund einer zwischen der Unternehmung und dem Zentralausschusse des Personales zu treffenden Vereinbarung einer den Bedürfnissen der kaufmännischen Betriebführung anzupassenden Neuregelung unterzogen werden, so daß diese Bediensteten künftig wieder einen eigenen, für sich abgeschlossenen Dienstkörper wesentlich privatgesellschaftlichen Charakters bilden werden.

Durch diese organisatorischen Anordnungen wurde jetzt zwischen Beamten, die durch Jahrzehnte an einem Strange zogen, einen einheitlichen Dienstkörper bildeten und in demselben ebenso auf die Hoheitsverwaltung wie auf die oberste Betriebsverwaltung bezügliche Arbeiten zu leisten hatten, plötzlich eine feste Schranke gezogen, welche in der Richtung von der Generaldirektion der Bundesbahnen zur Verkehrssektion des Ministeriums nur schwer und in der umgekehrten Richtung in Hinkunft gar nicht mehr wird überschritten werden können, wobei in letzterer Beziehung überdies noch in Betracht kommt, daß ein solcher Übertritt eines bei der Verkehrssektion des Ministeriums verwendeten Bundesbeamten auf den Posten eines Vorstandsmitgliedes bei der Generaldirektion durch die bereits besprochene Inkompatibilitätsbestimmungen des Bundesbahngesetzes je nach Auslegung der letzteren, sogar ausdrücklich untersagt ist.

Für die Beamten der Bundesbahnverwaltung würde übrigens ein allfälliger Übertritt in den staatlichen Dienst der Hoheitsverwaltung und des staatlichen Oberaufsichtsdienstes, auch wenn für sie augenblicklich vorwaltende günstige Systemisierungsverhältnisse hiezu eine gewisse Verlockung bilden würden, doch nicht begehrenswert erscheinen, da denselben sodann die Rückkehr zu dem ihnen ein freieres fachliches Schaffen und schließlich auch ein besseres Fortkommen ermöglichenden Dienste bei der Bundesbahnverwaltung für immer verschlossen wäre.

Augenblicklich stehen bei der staatlichen Hoheitsverwaltung und der zugehörigen staatlichen Oberaufsicht noch Beamte in Verwendung, die infolge der bis zur jetzigen Neuorganisation bestandenen Vereinigung des gesamten obersten staatlichen Eisenbahnverwaltungsdienstes in einem einheitlich geführten Ministerialressort auch über die stets wechselnden und sich mehrenden Bedürfnisse des Bundesbahnbetriebes noch auf das genaueste orientiert sind.

Dies wird aber in Zukunft wesentlich anders werden, wenn infolge der besprochenen strengen Scheidung der beiden in Frage stehenden Dienstkörper der zur steten Befruchtung des Dienstes unentbehrliche freie Personenaustausch zwischen den maßgebendsten Dienststellen des gesamten bundesstaatlichen Eisenbahndienstes dauernd unterbunden sein wird.

Im Art. 21 des österreichischen Bundesverfassungsgesetzes vom 1. Oktober 1920, B. G. Bl. Nr. 1, wurde ausgesprochen, daß den öffentlichen Angestellten die Möglichkeit des Wechsels zwischen dem Dienste beim Bund, den Ländern und den Gemeinden jederzeit gewahrt sei. Begründet wurde diese Bestimmung des Verfassungsgesetzes damit, daß sie eine verfassungsmäßige Garantie dagegen zu bilden habe, daß durch bundes- oder landesgesetzliche Bestimmungen die Freizügigkeit der öffentlichen Angestellten gehindert oder erschwert werde, daß vielmehr diese Freizügigkeit zugunsten der Aufrechterhaltung eines einheitlichen Verwaltungsapparates gewahrt werden müsse. Im grellen Widerspruche zu dem Geiste dieser verfassungsrechtlichen Bestimmung, durch welche den öffentlichen Angestellten die Freizügigkeit für weit von einander liegende und strenge getrennt geführte Verwaltungsgebiete gesichert worden ist, wurde durch das Bundesbahngesetz sogar *innerhalb* eines und desselben staatlichen Verwaltungszweiges der Dienst in zwei von einander völlig getrennte, jede Freizügigkeit zwischen denselben ausschließende Dienstkörper zerrissen.

Durch den Ausschluß dieser Freizügigkeit zwischen Beamten der Hoheits- und denjenigen der Bundesbahnverwaltung wird namentlich der dem ersteren zugehörige wichtige staatliche Oberaufsichtsdienst, für den gemäß den Ausführungen des zweiten Teiles dieser Studie ohnedies nach den Bestimmungen des Bundesbahngesetzes organisch nur ungenügend vorgesorgt wurde, künftighin der schwersten Schädigung ausgesetzt sein.

Dieser Oberaufsichtsdienst kann seiner wichtigen und verantwortlichen Aufgabe nur durch seine ständige innigste Berührung mit dem Betriebsdienste der Bundesbahnen gerecht werden und es ergibt sich aus diesem Gesichtspunkte die absolute Notwendigkeit eines stets leichten Personalaustausches zwischen diesen beiden Dienstgebieten.

Nach der durch das Bundesbahngesetz geschaffenen Neuorganisation des bundesstaatlichen Eisenbahndienstes wird dagegen ein solcher regerer Personenaustausch fernerhin vollkommen ausgeschlossen sein und, wenn dem staatlichen Oberaufsichtsdienste insbesondere die Möglichkeit genommen sein wird, sich seinen Nachwuchs regelmäßig aus dem Beamtenpersonale der Betriebsverwaltung der Bundesbahnen zu holen, wird er von Jahr zu Jahr immer mehr der eminenten Gefahr ausgesetzt sein, zum schweren Schaden der ihm obliegenden verantwortlichen Aufgabe allmählich ganz zu verdorren.

Wenn dagegen nach dem gestellten Antrage die Bundesbahnen künftig als eine vom Staate selbst geführte öffentliche Anstalt organisiert werden, und es darnach dazu kommen wird, den Bundesbahnangestellten analog dem Vorgange im Deutschen Reiche den Charakter von direkten Bundesangestellten zuzuerkennen, dann wird allen im bundesstaatlichen Eisenbahndienste Angestellten wieder die unbedingt notwendige Freizügigkeit für alle Dienststellen dieses staatlichen Verwaltungszweiges eröffnet und gesichert sein und es wird dann innerhalb des ganzen Eisenbahnressorts ebenso zu Nutzen des Dienstes ein einheitlicher Verwaltungsapparat wieder hergestellt sein, wie ein solcher schon bestanden hat und nach den zitierten Bestimmungen des Verfassungsgesetzes selbst für die viel weiter auseinanderliegenden Gebiete des Bundes-, des Landes- und des Gemeindedienstes für wünschenswert erklärt wurde.

7. Kurze Zusammenfassung sämtlicher für die Reorganisation der Bundesbahnverwaltung zur Annahme empfohlenen Richtlinien. Kurz zusammengefaßt wird sich für eine vorzunehmende Neuorganisation der Bundesbahnverwaltung auf Grund der in der vorliegenden Studie niedergelegten Ausführungen und erstatteten Vorschläge die Annahme folgender oberster Richtlinien empfehlen:

1. Beibehaltung der beiden Hauptgrundsätze der Trennung der Betriebsverwaltung von der Hoheitsverwaltung und der Bildung eines eigenen selbständigen Wirtschaftskörpers für die erstere;

2. Organisierung dieses Wirtschaftskörpers als eine vom Staate selbst zu betreibende öffentliche Anstalt unter Zuerkennung der selbständigen Rechtspersönlichkeit an dieselbe;

3. Regelung des Dienstganges bei dieser Anstalt nach kaufmännischen Grundsätzen derart, daß die selbständige Entscheidung in allen für den Dienst maßgebenden Angelegenheiten, soweit nicht dieselbe oder die Mitwirkung bei derselben nach dem Gesetze ausdrücklich anderen Faktoren, insbesondere der Bundesregierung oder Bundesministern vorbehalten wird, in die Hände einer einzigen an die Spitze dieser Anstalt zu stellenden Persönlichkeit gelegt wird, welcher alle Organe dieser Anstalt dienstlich zu unterstellen und verantwortlich zu erklären sind;

4. Errichtung einer Generaldirektion der österreichischen Bundesbahnen als Zentralverwaltungsstelle dieser Anstalt und Aufstellung von Bundesbahndirektionen für die einzelnen nach dem dienstlichen Bedürfnis zu bildenden Teilgebiete des Bundesbahnnetzes zur Leitung und Überwachung der drei Hauptzweige des exekutiven Betriebsdienstes innerhalb ihrer Bezirke und unter eventueller Erweiterung ihres Wirkungskreises in kommerziellen Angelegenheiten;

5. gesetzliche Festlegung der Dienststellung des obersten Leiters der Anstalt in der Eigenschaft eines von der Bundesregierung in dauernder Berufs- und hoher staatlicher Rangstellung zu ernennenden, auf Grund besonderen Dienstvertrages voll zu entlohnenden Bundesbeamten (Präsident oder Generaldirektor der österreichischen Bundesbahnen); Regelung seiner Stellvertretung unter möglichster Wahrung des Gleichgewichtes zwischen der technischen und administrativen Seite des Dienstes;

6. selbständige Aufstellung des jährlichen Voranschlages über die Einnahmen und Ausgaben der Anstalt durch die letztere selbst, vorbehaltlich der Genehmigung desselben durch die Bundesregierung;

7. Berechtigung des obersten Leiters der Anstalt zur selbständigen Vornahme von Virements innerhalb der Ziffern des genehmigten Voranschlages und strengste Verpflichtung desselben, sein stetes Augenmerk auf die eheste Erreichung des Zieles zu richten, daß die Bundesbahnen dauernd die Bedeckung ihrer Auslagen in den eigenen Einnahmen finden;

8. Verwendung allfälliger Überschüsse zunächst zur Bildung eines Rücklagefonds und darüber hinaus deren Abfuhr an den Bund;

9. meritorische Prüfung der Jahresrechnungen der Anstalt durch den bundesstaatlichen Rechnungshof; Erteilung der Entlastung an die Anstalt auf Grund dieses Prüfungsergebnisses durch die Bundesregierung;

10. nachträgliche Vorlage der von der Bundesregierung genehmigten Voranschläge und Jahresrechnungen samt den einschlägigen Prüfungselaboraten an den Nationalrat zur Ermöglichung einer indirekten überwachenden Einflußnahme desselben auf die Gebarung der Anstalt im Wege der ihm verantwortlichen Bundesregierung;

11. Berechtigung der Anstalt zur selbständigen Aufnahme von Anleihen innerhalb bestimmter Ziffergrenzen vermöge ihrer eigenen Rechtspersönlichkeit und über diese Grenzen hinaus unter Vorbehalt der Zustimmung der Bundesminister für Handel und Verkehr sowie für Finanzen;

12. Entscheidung über die Aufnahme solcher weitergehender Anleihen durch den Ministerrat oder durch ein speziell zu dieser Aufgabe einzusetzendes größeres Ministerkomitee im Falle unüberbrückbarer Meinungsverschiedenheiten zwischen Anstalt und Finanzverwaltung;

13. der Bundesregierung über ihre Hoheits- und Oberaufsichtsrechte hinaus noch weiter zu wahrende Vorbehalte speziell hinsichtlich:

a) der Ausübung der Tarifpolitik,

b) der Genehmigung der Besoldungsnormen für die Angestellten der Anstalt,

c) der Bestätigung der Ernennung der Hauptabteilungsvorstände der Generaldirektion und der Vorstände der Bundesbahndirektionen;

14. Erwägung der Frage der Errichtung eines dem obersten Leiter der Anstalt übergeordneten, aus einer Mehrheit von Mitgliedern bestehenden Überwachungsorganes eventuell auch zum Zwecke der Übertragung einiger den zuständigen Bundesministern hinsichtlich der Verwaltung der Bundesbahnen vorbehaltenen Mitwirkungen an dieses Organ zur Ausübung im Namen der Minister;

15. Wiedererrichtung einer Generalinspektion der österreichischen Eisenbahnen als selbständiges Hilfsorgan des Bundesministeriums für Handel und Verkehr für die Aufsicht und Kontrolle über den Bauzustand und den Betrieb aller dem öffentlichen Verkehr dienenden österreichischen Eisenbahnen zur Handhabung der Ordnung und Sicherheit des Bahnbetriebes (staatliche Aufsichtsbehörde);

16. Errichtung eines dem obersten Leiter der Anstalt zur Begutachtung aller für die Allgemeiheit bedeutsamen Fragen des Eisenbahnverkehrswesens beizugebenden Eisenbahnbeirates; Ernennung der Mitglieder dieses Beirates auf Grund freier Vorschläge seitens der verschiedenen am Eisenbahnwesen näher interessierten Wirtschaftsgruppen; Einräumung weitgehender Initiativrechte an diese Mitglieder und Veröffentlichung ihrer Beratungen und Beschlüsse;

17. Errichtung ähnlicher Beiräte bei den Bundesbahndirektionen (Direktionsbeiräte) zur Begutachtung von Fragen des Eisenbahnwesens bloß lokaler Bedeutung;

18. organische Eingliederung der grundsätzlich beizubehaltenden Diensteinrichtung einer „Personalvertretung" in den für die Verwaltung der Bundesbahnen gesetzlich aufzustellenden Dienstapparat nach Maßgabe des derselben verantwortlich zuzusprechenden Wirkungskreises; Rückführung dieses Wirkungskreises auf eine solche wesentlich begutachtende und überwachende und etwa höchstens noch vermittelnde Tätigkeit, welche zu dem bei einer kaufmännisch geregelten Dienstorganisation unbedingt zu wahrenden selbständigen Entscheidungsrechte des obersten Leiters der Anstalt nicht in unlösbarem Widerspruche steht (Personalbeirat), Berufung von Vertretern des Personales auch in die sub 16 und 17 angeführten Beiräte;

19. Zuerkennung des Charakters wirklicher Bundesbediensteter mit allen denselben verfassungsmäßig oder gesetzlich zustehenden Rechten und Prärogativen an sämtliche im bundesstaatlichen Eisenbahndienste dauernd Angestellte;

20. Wiederherstellung der vollen Freizügigkeit aller im bundesstaatlichen Eisenbahndienste Angestellten für sämtliche Dienststellen dieses staatlichen Verwaltungszweiges und

21. neuerliche ausdrückliche gesetzliche Feststellung, daß eine Einflußnahme der Bundesverwaltung auf die Betriebsanstalt der Bundesbahnen nur nach Maßgabe und in den Grenzen der geltenden gesetzlichen Bestimmungen stattfinde.

Beigefügt muß noch werden, daß die im vorstehenden in ihren Grundzügen kurz zusammengefaßten, sich auf die Ausführungen in der vorliegenden Studie stützenden Richtlinien für eine vorzunehmende Neuorganisation des bundesstaatlichen Eisenbahndienstes noch hinsichtlich einiger Punkte, die, als keiner besonderen kritischen Prüfung bedürftig, in dieser Studie nicht ausführlicher besprochen worden sind, zu ergänzen sein werden.

Jeder größere Betrieb bedarf einer guten Organisation als des unbedingt notwendigen Rahmens, innerhalb welchem die ihm zur

Verfügung stehenden persönlichen Arbeitskräfte ihre Tätigkeit in streng geregeltem Dienstgange am zweckmäßigsten und ökonomischesten zur bestmöglichen Verwirklichung des dem Betriebe gesteckten Zieles einzusetzen vermögen.

Würden die in dieser Studie entwickelten und zur Annahme empfohlenen Richtlinien einer für die österreichische Bundesbahnverwaltung neu zu erlassenden Dienstorganisation zugrunde gelegt werden, so würde sodann mit dieser auf eine zweckentsprechendere staatliche Grundlage zurückgeführten Neuorganisation ein fester haltbarer Rahmen geschaffen werden, innerhalb welchem von den leitenden Organen der Bundesbahnverwaltung die bisher schon dem Bundesbahnbetriebe gewidmete Sanierungsarbeit an der Hand der vielen von den beiden ausländischen Gutachtern für den inneren und äußeren Bahnbetrieb gemachten Verbesserungs- und Ersparungsvorschläge, unbeirrt von hemmenden Einflüssen, noch erfolgreicher weiter fortgesetzt und in absehbarer Zeit zu einem die künftige ruhige Fortentwicklung des Bundesbahnbetriebes zum Nutzen der Allgemeinheit sichernden Abschlusse gebracht werden könnte.

Es würde dann die Gefahr für die Folge beseitigt sein, daß der Bundesbahnbetrieb je wieder in die Rolle des Sorgenkindes für die bundesstaatliche Finanzgebarung zurückfallen werde.

Dadurch aber, daß sodann wenigstens auf dem Gebiete des Eisenbahnverkehrswesens, das zu den ebenso staatsfinanziell wie volkswirtschaftlich bedeutsamsten Bestandteilen des gesamten bundesstaatlichen Verwaltungswesens zählt, eine dauernde Ordnung hergestellt sein wird, würde auch ein guter Schritt nach vorwärts erzielt sein auf dem Wege zu der von allen beteiligten Faktoren und allen Parteien ersehnten Wiederherstellung der Selbständigkeit der österreichischen Republik in Ansehung ihrer Finanzgebarung.

Anhang.

I.

Bundesgesetz vom 19. Juli 1923, B. G. Bl. Nr. 407, über die Bildung eines Wirtschaftskörpers „Österreichische Bundesbahnen" (Bundesbahngesetz).

Der Nationalrat hat beschlossen:

§ 1.

Zur Führung des Betriebes der Bundesbahnen wird unter der Firma „Österreichische Bundesbahnen" ein eigener Wirtschaftskörper gebildet. Diese Unternehmung hat ihren Sitz in Wien. Sie ist juristische Person und als Kaufmann beim Handelsgericht in Wien zu protokollieren.

§ 2.

(1) Die Unternehmung „Österreichische Bundesbahnen" hat das gesamte Vermögen der Bundesbahnen mit allen damit verbundenen Rechten und Pflichten treuhändig zu verwalten.

(2) Die Unternehmung „Österreichische Bundesbahnen" setzt die Betriebsführung und alle damit verbundenen Rechtsverhältnisse der bisherigen Bundesbahnverwaltung fort. Sie übernimmt daher auch die Führung des Betriebes der vom Bunde für eigene und fremde Rechnung betriebenen Eisenbahnen, einschließlich der österreichischen Trajektanstalt und Dampfschiffahrt auf dem Bodensee sowie sonstiger Nebenbetriebe.

(3) Die Gebarung der „Österreichischen Bundesbahnen" ist bei Wahrung und Sicherung der allgemeinen Interessen nach kaufmännischen Grundsätzen zu führen. Alle von den Bundesbahnen im Interesse der Bundesverwaltung und im Interesse von Bundesbetrieben gewährten Begünstigungen und übernommenen Leistungen sind besonders in Rechnung zu stellen.

(4) Insolange und insoweit die Ausgaben in den Einnahmen ihre Deckung nicht finden, wird der Abgang vom Bunde gedeckt. Der unter dieser Voraussetzung den Bundesbahnen zu leistende Bundeszuschuß ist im jeweiligen Bundesfinanzgesetz verfassungsmäßig sicherzustellen und der Unternehmung nach einem von ihr aufzustellenden und dem Bundesministerium für Finanzen vorzulegenden Jahresprogramm in monatlichen Teilbeträgen zu überweisen.

§ 3.

Die „Österreichischen Bundesbahnen" erhalten vom Bund ein Grundkapital in der Höhe von 200 (zweihundert) Milliarden Kronen.

§ 4.

(1) Die Bundesbahnangestellten der bisherigen österreichischen Bundesbahnen sind unter Weitergeltung der den Abbau regelnden Vorschriften (Bundesgesetz vom 24. Juli 1922, B. G. Bl. Nr. 499, Verordnung vom 14. Februar 1923, B. G. Bl. Nr. 91) in den Dienst der Unternehmung „Österreichische Bundesbahnen" zu übernehmen. Die Bundesregierung wird ermächtigt, den auf die „Österreichischen Bundesbahnen" entfallenden Teil der in der Verordnung vom 14. Februar 1923, B. G. Bl. Nr. 91, festgesetzten Gesamtzahl der abzubauenden Angestellten nach Anhörung des Vorstandes der Unternehmung zu bestimmen.

(2) Die derzeit bestehenden Vorschriften über das Dienstverhältnis der Bundesbahnangestellten einschließlich der Bestimmungen über die Personalvertretungskörper und über die Pensionen bleiben solange in Geltung, bis sie durch Vereinbarung zwischen der Unternehmung und dem Zentralausschuß des Personals der „Österreichischen Bundesbahnen" abgeändert werden. Eine den Bedürfnissen der kaufmännischen Betriebsführung anzupassende Neuregelung dieser Vorschriften ist bis spätestens 31. Dezember 1924 zu vereinbaren.

(3) Das Dienstverhältnis der im Eisenbahn-, Schiffahrt- und Luftfahrdienste des Bundesministeriums für Handel und Verkehr derzeit beschäftigten Bundesangestellten, die in diesem Ministerium weiterverwendet werden, bleibt unverändert. Dagegen sind die Bundesangestellten, die von den „Österreichischen Bundesbahnen" übernommen werden, in das Dienstverhältnis der Bundesbahnangestellten überzuführen. Bundesangestellte, die einer solchen Überführung nicht zustimmen, sind nach den Vorschriften über den Angestelltenabbau zu behandeln.

(4) Die Unternehmung „Österreichische Bundesbahnen" übernimmt die Ruhe- und Hinterbliebenenversorgung aller in ihren Dienst übernommenen aktiven Bundesbahnbediensteten. Sie leistet ferner einen angemessenen, durch Vereinbarung zwischen dem Bund und der Unternehmung festzusetzenden Beitrag zu den Lasten der Ruhe- und Hinterbliebenenversorgung für die von der Unternehmung nicht übernommenen Bundesbahnbediensteten und für die im Zeitpunkte der Übernahme der Betriebsführung durch die Unternehmung bereits im Ruhestande befindlichen Staatsbahn- und Bundesbahnbediensteten.

§ 5.

Die Unternehmung „Österreichische Bundesbahnen" hat nachstehende Organe:

1. Der Vorstand (§§ 6 bis 9).
2. Die Verwaltungskommission (§§ 10 bis 13).

§ 6.

(1) Die „Österreichischen Bundesbahnen" werden durch einen Vorstand geleitet. Dieser vertritt die Unternehmung gerichtlich wie außergerichtlich. Die Bestimmungen der Artikel 228 bis 231 des Handelsgesetzbuches finden auf den Vorstand sinngemäß Anwendung.

(2) Die Mitglieder des Vorstandes haften der Unternehmung für jeden Schaden, der aus der Vernachlässigung der Sorgfalt eines ordentlichen Kaufmannes entsteht. Die Ansprüche der Unternehmung aus dieser Haftung sind durch die Verwaltungskommission geltend zu machen.

§ 7.

(1) In bürgerlichen Rechtssachen und vor den Gerichtshöfen des öffentlichen Rechtes können sich die „Österreichischen Bundesbahnen" auch durch die Finanzprokuratur vertreten lassen; die Bestimmungen der für die Finanzprokuratur geltenden Dienstesinstruktionen finden sinngemäße Anwendung. Insoweit die Finanzprokuratur hienach Verwaltungsbehörden mit ihrer Vertretung zu betrauen hat, gilt dies auch hinsichtlich der „Österreichischen Bundesbahnen" mit der Maßgabe, daß sie hierüber mit der Unternehmung das Einvernehmen zu pflegen hat.

(2) Der allgemeine Gerichtsstand der „Österreichischen Bundesbahnen" bestimmt sich ohne Rücksicht auf die Vertretung nach ihrem Sitze (§ 75, Absatz 1, Jurisdiktionsnorm).

(3) Als Niederlassung im Sinne des § 87, Absatz 2, Jurisdiktionsnorm, sind nur die Direktionen anzusehen.

§ 8.

(1) Der Vorsitzende und die übrigen Mitglieder des Vorstandes, die österreichische Bundesbürger sein müssen, werden vom Präsidenten der Verwaltungskommission namens der Unternehmung durch Dienstvertrag bestellt. Diese Dienstverträge bedürfen der Bestätigung der Bundesregierung.

(2) Die Mitglieder des Vorstandes müssen die Funktion eines Vorstandsmitgliedes als Beruf ausüben. Jede gleichzeitige andere Erwerbstätigkeit bedarf der Genehmigung des Bundesministers für Handel und Verkehr.

(3) Mitglieder des Nationalrates, des Bundesrates oder eines Landtages, der Bundesregierung oder einer Landesregierung können nicht gleichzeitig Mitglieder des Vorstandes sein.

§ 9.

Die Mitglieder des Vorstandes können vom Präsidenten der Verwaltungskommission mit Zustimmung der Bundesregierung abberufen werden. Die Abberufung muß erfolgen, wenn es die Bundesregierung verlangt. Durch die Abberufung werden die Entschädigungsansprüche aus bestehenden Verträgen nicht berührt.

§ 10.

(1) Die Überwachung der Geschäftsführung der „Österreichischen Bundesbahnen" bei gleichzeitiger Wahrung allgemeiner Interessen liegt einer Verwaltungskommission ob. Ihre Mitglieder, die österreichische Bundesbürger sein müssen, werden von der Bundesregierung jeweils für eine dreijährige Amtsdauer bestellt. Von ihnen scheidet jährlich ein Drittel aus. In den ersten zwei Jahren werden die Ausscheidenden durch das Los bestimmt. Ihre Wiederberufung ist zulässig. Scheidet ein Mitglied vorzeitig aus, so ist für den Rest der Funktionsdauer ein neues Mitglied zu ernennen.

(2) Die Verwaltungskommission besteht aus vierzehn Mitgliedern. Elf Stellen sind mit Fachleuten des Verkehrswesens, der Volkswirtschaft und selbständigen oder in leitender Stellung befindlichen Persönlichkeiten des praktischen Wirtschaftslebens zu besetzen. Drei Mitglieder werden auf Grund eines Vorschlages des Zentralausschusses des Personals der „Österreichischen Bundesbahnen" berufen. Der Zentralausschuß hat bei der Erstattung seines Vorschlages so vorzugehen, daß wenigstens eine Stelle jener Organisation zufällt, die bei den Personalvertretungswahlen die zweitgrößte Anzahl von Mandaten erhalten hat. Eine Ablehnung eines vom Zentralausschuß Vorgeschlagenen ist nur dann zulässig, wenn der Betreffende nach der Personalvertretungsvorschrift die Wählbarkeit in die Personalvertretung nicht besitzt. Mitglieder des Nationalrates, des Bundesrates oder eines Landtages, der Bundesregierung oder einer Landesregierung können nicht gleichzeitig Mitglieder der Verwaltungskommission sein.

(3) Die Mitglieder der Verwaltungskommission erhalten keine ständigen Bezüge, haben jedoch Anspruch auf Ersatz ihrer Reiseauslagen.

§ 11.

(1) Die Bundesregierung beruft eines der Mitglieder der Verwaltungskommission zum Amte des Präsidenten.

(2) Zwei Vizepräsidenten werden von der Verwaltungskommission aus ihrer Mitte gewählt.

(3) Die Geschäftsordnung wird von der Verwaltungskommission beschlossen.

§ 12.

(1) Der Beschlußfassung der Verwaltungskommission unterliegen:

a) die Prüfung und Genehmigung des Rechnungsabschlusses und die Erteilung der Entlastung des Vorstandes;

9*

b) die Geltendmachung der Ersatzansprüche, die der Unternehmung gegen die Mitglieder des Vorstandes erwachsen (§ 6, Absatz 2);

c) die Prüfung von Kreditverträgen, soweit sie der Zustimmung des Bundesministers für Finanzen bedürfen;

d) Änderungen der Tarifbestimmungen, soweit sie an die Genehmigung der Bundesregierung gebunden sind.

(2) Die Verwaltungskommission hat das Recht, vom Vorstand Auskünfte zu verlangen.

(3) Sie kann den Bundesministern für Handel und Verkehr und für Finanzen über ihre Wahrnehmungen Bericht erstatten.

(4) Die Verwaltungskommission kann beschließen, ihrem Präsidenten den Widerruf der Bestellung eines Vorstandsmitgliedes zu empfehlen.

§ 13.

Die Bundesminister für Handel und Verkehr, für Finanzen und für Land- und Forstwirtschaft können zu den Verhandlungen der Verwaltungskommission fallweise oder ständig Vertreter mit beratender Stimme entsenden. Diese Vertreter haben das Recht, von der Verwaltungskommission die Behandlung bestimmter Gegenstände zu begehren. Sie können vom Vorstand jederzeit Auskünfte verlangen.

§ 14.

(1) Die Unternehmung „Österreichische Bundesbahnen“ hat die im Zeitpunkte des Inkrafttretens dieses Gesetzes bestehenden besonderen und allgemeinen Tarife für die österreichischen Bundesbahnen und der vom Bunde für eigene Rechnung betriebenen Privatbahnen zu übernehmen.

(2) Grundlegende Änderungen der allgemeinen Tarifbestimmungen, Änderungen der Tarifgrundlagen für die Beförderung von Personen, Reisegepäck und Expreßgut, Änderungen der Tarifgrundlagen für die allgemeinen Gütertarifklassen und für jene Artikel, für die allgemeine Tarifklassen nicht vorgesehen sind, endlich Änderungen der volkswirtschaftlich bedeutsamen Ausnahmetarife sind an die vorherige Genehmigung der Bundesregierung gebunden.

(3) In diesen Fällen hat der Vorstand einen begründeten Antrag an den Bundesminister für Handel und Verkehr zu stellen und dieser holt eine gutachtliche Äußerung der Verwaltungskommission zu dem Antrag ein.

(4) Die Entscheidung über den Antrag ist dem Vorstand vom Bundesminister für Handel und Verkehr innerhalb 14 Tagen vom Tage der Einbringung des Antrages kundzutun.

(5) Findet der Bundesminister für Handel und Verkehr den Antrag des Vorstandes nur in einzelnen Belangen für abänderungsbedürftig, so hat er vor der Entscheidung die Stellungnahme des Vorstandes hiezu einzuholen.

(6) Hält die Bundesregierung eine Abänderung der für die österreichischen Bundesbahnen bestehenden Tarife für erforderlich, so hat der Bundesminister für Handel und Verkehr den Vorstand aufzufordern, innerhalb einer zu bestimmenden, angemessenen Frist einen Antrag im Sinne des Absatzes 2 zu stellen.

(7) Der Vorstand ist verpflichtet, Änderungen der für die österreichischen Bundesbahnen bestehenden Tarife, die sich infolge zwischenstaatlicher Verträge (Übereinkommen) als notwendig erweisen, zeitgerecht in Vollzug zu setzen.

(8) Auf die Tarifmaßnahmen der vom Bunde für Rechnung der Eigentümer betriebenen Privatbahnen finden die vorstehenden Bestimmungen keine Anwendung; um die Genehmigung dieser Tarifmaßnahmen hat der Vorstand — u. zw., soweit dies in den Betriebsverträgen vorgesehen ist, im Einvernehmen mit den betreffenden Privatbahnverwaltungen — bei der Aufsichtsbehörde einzuschreiten.

§ 15.

(1) Zur Aufnahme von Krediten mit einer Laufzeit von mehr als einem Jahr bedürfen die „Österreichischen Bundesbahnen" der Zustimmung der Bundesminister für Handel und Verkehr und für Finanzen. Zur Aufnahme von inländischen Anleihen im Werte von über 1 Million Goldkronen und von ausländischen Anleihen im Werte von über 500.000 Goldkronen ist die Zustimmung der Bundesregierung erforderlich.

(2) Im Rahmen des jährlichen Bundesfinanzgesetzes wird bestimmt, inwieweit der Bundesminister für Finanzen ermächtigt ist, auf Antrag der „Österreichischen Bundesbahnen" die bücherliche Sicherstellung von Krediten, die dieser Unternehmung gewährt werden, auf das im Eisenbahnbuche verzeichnete unbewegliche Eigentum des Bundes einzuräumen.

§ 16.

(1) Die Unternehmung „Österreichische Bundesbahnen" unterliegt dem staatlichen Hoheits- und Aufsichtsrecht über die Eisenbahnen. Insbesondere obliegt dem Bundesministerium für Handel und Verkehr auch weiterhin die Überwachung der Einhaltung der gesetzlich und aufsichtsbehördlich angeordneten Maßnahmen zum Schutze der Bediensteten und zur Wahrung der Sicherheit des Verkehrs. Hinsichtlich des Bauzustandes und Betriebes der österreichischen Bundesbahnen hat zwar eine ständige Kontrolle durch die Hoheitsverwaltung nicht stattzufinden; der Bundesminister für Handel und Verkehr kann sich jedoch von der Einhaltung der bezüglichen Vorschriften fallweise durch seine Organe vergewissern, bei Wahrnehmung von Vorschriftswidrigkeiten die zu deren Abstellung erforderlichen Maßnahmen verfügen und insbesondere auch die Abberufung der schuldtragenden Mitglieder des Vorstandes im Sinne des § 9 verlangen.

(2) Die Vorschriften, durch die eine besondere Bewilligung der Bundesverwaltung für bauliche Herstellungen und Entwürfe welcher Art immer, sowie für Betriebsmittel vorgesehen ist, gelten auch für die Unternehmung „Österreichische Bundesbahnen". In allen diesen Beziehungen hat jedoch durch das Bundesministerium für Handel und Verkehr eine fachtechnische Überprüfung der bezüglichen Entwürfe sowie eine fachtechnische Prüfung vor der Erteilung der Benützungsbewilligung nicht zu erfolgen, wenn die Entwürfe von durch den Bundesminister für Handel und Verkehr hiezu autorisierten Fachorganen der Unternehmung unter Berufung auf diese Autorisationen gutgeheißen sind und wenn vor der Erteilung der Benützungsbewilligung die den einschlägigen gesetzlichen Bestimmungen und sonstigen Vorschriften entsprechende Ausführung der Entwürfe von solchen Organen bestätigt wird.

(3) Die näheren Vorschriften über die Autorisation der technischen Fachorgane werden durch Verordnung erlassen.

(4) Die nach den Absätzen 2 und 3 autorisierten Fachorgane sind überdies auch berufen, bezüglich der nicht im Betriebe der Unternehmung „Österreichische Bundesbahnen" stehenden Eisenbahnen auf Verlangen der Eisenbahnbehörde technische Begutachtungen mit der im Absatz 2 bezeichneten Wirkung vorzunehmen.

§ 17.

Eine Einflußnahme der Bundesverwaltung auf die Unternehmung „Österreichische Bundesbahnen" und deren Betrieb findet nur nach Maßgabe der geltenden gesetzlichen Bestimmungen statt.

§ 18.

(1) Der Vorstand ist verpflichtet, den Bundesministern für Handel und Verkehr und für Finanzen allmonatlich einen Gebarungsausweis vorzulegen. In diesen Gebarungsausweisen ist auch der Stand an schwebenden Schulden, getrennt nach Waren- und Geldschulden, aufzunehmen. Weiters hat er in der

ersten Hälfte des Kalenderjahres eine Bilanz und eine Ertragsrechnung für das abgelaufene Geschäftsjahr aufzustellen, die er sowohl der Verwaltungskommission wie den genannten Bundesministern vorzulegen hat.

(2) Die Verwaltungskommission hat die Bilanz und die Ertragsrechnung sogleich in Verhandlung zu ziehen. Der hierüber gefaßte Beschluß ist den Bundesministern für Handel und Verkehr und für Finanzen zu übermitteln.

(3) Ein angemessener Teil des allfälligen Reingewinnes ist zur Bildung einer Rücklage zu verwenden. Diese Rücklage dient zur Deckung außerordentlicher Ausgaben sowie von Fehlbeträgen der Ertragsrechnung. Der Rest des Reingewinnes fällt dem Bundesschatze zu.

§ 19.

Die Unternehmung „Österreichische Bundesbahnen" genießt hinsichtlich der direkten Steuern, Gebühren und sonstigen Abgaben dieselben Begünstigungen, die dem bisherigen Bundesbahnbetriebe derzeit eingeräumt sind.

§ 20.

(1) Die näheren Bestimmungen über die Einrichtung der Unternehmung „Österreichische Bundesbahnen" werden in einem Statute festgesetzt, das durch die Bundesregierung mit Verordnung erlassen oder abgeändert wird. Dieses Statut ist amtlich zu verlautbaren und beim Handelsgericht in Wien einzureichen.

(2) Wegen der Übergabe der Betriebsführung der Bundesbahnen an die Unternehmung „Österreichische Bundesbahnen" wird im Verordnungswege näheres bestimmt.

§ 21.

Durch die Bestimmungen dieses Gesetzes bleiben die Verpflichtungen, die sich aus den Genfer Protokollen (B. G. Bl. Nr. 842 aus 1922) ergeben, insbesondere auch alle Rechte des Völkerbundrates, des Generalkommissärs und des Kontrollkomitees unberührt.

§ 22.

(1) Die Anordnung über eine Liquidation der Unternehmung „Österreichische Bundesbahnen" trifft die Bundesregierung.

(2) Im Falle der Liquidation gehen die Aktiven und Passiven der „Österreichischen Bundesbahnen" auf den Bund über.

§ 23.

Mit der Durchführung dieses Gesetzes ist die Bundesregierung betraut.

Hainisch

Seipel **Kienböck**
Frank **Buchinger**
Schneider **Schürff**
Schmitz **Vaugoin**

Grünberger

II.

Verordnung der Bundesregierung vom 19. Juli 1923, B. G. Bl. Nr. 453, betreffend das Statut für die „Österreichischen Bundesbahnen".

Auf Grund des § 19 des Bundesgesetzes vom 19. Juli 1923, B. G. Bl. Nr. 407, über die Bildung eines Wirtschaftskörpers „Österreichische Bundesbahnen" wird nachstehendes Statut der „Österreichischen Bundesbahnen" erlassen.

§ 1.

Allgemeine Bestimmungen.

1. Die „Österreichischen Bundesbahnen" werden vom Vorstande geleitet.
2. Die Überwachung der Geschäftsführung der „Österreichischen Bundesbahnen" bei gleichzeitiger Wahrung allgemeiner Interessen obliegt der Verwaltungskommission.
3. Zur Besorgung der Geschäfte der Unternehmung „Österreichische Bundesbahnen" bedient sich der Vorstand einer Generaldirektion mit dem Sitze in Wien.

§ 2.

Firmazeichnung.

1. Die Firma „Österreichische Bundesbahnen" wird derart gezeichnet, daß dem in irgendeiner Weise geschriebenen oder gedruckten Wortlaute der Firma die Unterschrift des Vorsitzenden des Vorstandes (Generaldirektor) allein oder zweier Vorstandsmitglieder oder eines Vorstandsmitgliedes und eines Prokuristen oder zweier Prokuristen beigesetzt wird.
2. Die Prokuristen haben bei Zeichnung der Firma ihrem Namen den Zusatz „per procura" oder „p. p." beizusetzen.

§ 3.

Der Vorstand.

1. Der Vorstand besteht aus einem Vorsitzenden und vier Vorstandsmitgliedern, von denen eines den Vorsitzenden ständig vertritt.
2. Der Vorsitzende führt den Titel „Generaldirektor", die übrigen Vorstandsmitglieder den Titel „Direktor" mit einem den von ihnen vertretenen Dienstzweig andeutenden Zusatz.
3. Der Generaldirektor und die Vorstandsmitglieder sind für alle auf den Eisenbahnbetrieb bezughabenden Handlungen und Unterlassungen verantwortlich.
4. Der Beschlußfassung des Vorstandes ist vorbehalten:

a) die Erteilung und Entziehung der Prokura oder der Handlungsvollmacht an Beamte des Unternehmens; der Inhalt der Handlungsvollmacht kann auch im Wege der Dienstvorschriften geregelt werden;

b) die Erlassung der Geschäftsordnungen für den Vorstand des Unternehmens, die Generaldirektion und die Bundesbahndirektionen;

c) die Errichtung, Sitzverlegung und Auflassung von Bundesbahndirektionen; solche Beschlüsse unterliegen der Genehmigung der Bundesregierung;

d) Änderungen in der Einteilung der Direktionsbezirke und der inneren Gliederung der Bundesbahndirektionen;

e) die Aufstellung der Dienstordnung für die Angestellten des Unternehmens sowie der allgemeinen Personalvorschriften und der wichtigeren Gebührenvorschriften;

f) die Ernennung der Beamten der Unternehmung. Der Vorstand ist jedoch berechtigt, das Recht der Ernennung gewisser Kategorien von Beamten an einen der Abteilungsvorstände der Generaldirektion oder an die Vorstände der Bundesbahndirektionen zu übertragen;

g) die Feststellung des jährlichen Wirtschaftsplanes;

h) die Feststellung der Jahresbilanz und der Ertragsrechnung;

i) die Aufnahme von Krediten;

j) die Beschlußfassung über alle Tarifangelegenheiten, welche gemäß § 14 des Bundesgesetzes vom 19. Juli 1923, B. G. Bl. Nr. 407, der Genehmigung der Bundesregierung unterliegen.

5. Der Vorstand hat besondere Vorkehrungen dafür zu treffen, daß der im Finanzgesetze als Bundeszuschuß jeweils vorgesehene Betrag nicht überschritten wird. Die Überschreitung der Ansätze des jährlich aufzustellenden Wirtschaftsplanes oder nicht vorhergesehene Ausgaben, für deren Bedeckung nicht bereits Vorsorge getroffen ist, sind nur mit Zustimmung des mit der Leitung des finanziellen Dienstes betrauten Vorstandsmitgliedes zulässig.

§ 4.

Wirkungskreis der Generaldirektion.

Der Generaldirektion obliegt:

a) die oberste einheitliche Verwaltung und Beaufsichtigung des Betriebes der „Österreichischen Bundesbahnen“, ihrer Hilfsanstalten und Nebenbetriebe;

b) die unmittelbare Besorgung des Tarifdienstes, des Wagendienstes, des Verkehrseinnahmendienstes, des Werkstättendienstes, der Dienstgüterbeschaffung, die Einführung der elektrischen Zugförderung und die Flüssigmachung der Ruhe- und Versorgungsgenüsse für den ganzen Bundesbahnbereich und die Hauptbuchführung der Unternehmung.

§ 5.

Gliederung der Generaldirektion.

Die Generaldirektion umfaßt mehrere Abteilungen; ihre Zahl und Gliederung werden in der Geschäftsordnung der Generaldirektion festgesetzt.

§ 6.

Der Generaldirektor.

An der Spitze der Generaldirektion steht der Generaldirektor. Er sorgt für die ordnungsgemäße Handhabung des Dienstes durch die berufenen Organe und hat diese zur pflichtgemäßen Erfüllung ihrer dienstlichen Obliegenheiten anzuhalten.

§ 7.

Bundesbahndirektionen.

In unmittelbarer Unterordnung unter der Generaldirektion sind zur Leitung des örtlichen Betriebsdienstes auf den von der Unternehmung „Österreichische Bundesbahnen“ betriebenen Eisenbahnen und Schiffahrtslinien die Bundesbahndirektionen berufen.

§ 8.

Aufgaben der Bundesbahndirektionen.

1. Den Bundesbahndirektionen obliegt unter der obersten Leitung der Generaldirektion und auf Grund der von derselben ergehenden Weisungen

die örtliche Verwaltung der zu ihrem Bezirke gehörigen Bahnstrecken (Schiffahrtslinien).

2. Die Bundesbahndirektionen sind für die Sicherheit, Regelmäßigkeit und Ordnung des Betriebes im Rahmen ihres örtlichen und sachlichen Wirkungskreises im Sinne der Eisenbahnbetriebsordnung vom 16. November 1851, R. G. Bl. Nr. 1 ex 1852, verantwortlich.

3. Die innere Gliederung der Bundesbahndirektionen wird durch den Vorstand der „Österreichischen Bundesbahnen“ bestimmt.

§ 9.

Leitung der Bundesbahndirektionen.

1. Jede Bundesbahndirektion wird von einem Dienstvorstande geleitet, welcher den Titel „Bundesbahndirektor“ führt. Dieser ist für die gesamte Geschäftsführung, insbesondere für die Sicherheit, Ordnung, Regelmäßigkeit und Wirtschaftlichkeit des Betriebes innerhalb seines Direktionsbezirkes verantwortlich.

2. Dem Bundesbahndirektor wird entweder ein administrativ oder ein technisch vorgebildeter Stellvertreter beigegeben, je nachdem der Bundesbahndirektor aus dem technischen oder administrativen Dienste hervorgegangen ist. Der Stellvertreter führt den Titel „Bundesbahndirektorstellvertreter“.

3. Der Stellvertreter ist verpflichtet, den Bundesbahndirektor bei Bewältigung seiner Aufgaben zu unterstützen und ihm mit seinem fachlichen Rate zur Seite zu stehen.

4. Sämtliche Organe der Bundesbahndirektionen haben den Dienst innerhalb der bestehenden Vorschriften nach den vom Bundesbahndirektor erteilten Weisungen zu führen und sind ihm für ihre Dienstleistung verantwortlich.

5. Zur Regelung der inneren Dienstführung bei den Bundesbahndirektionen werden vom Vorstande der Unternehmung eine einheitliche Geschäftsordnung sowie Vorschriften über den Kassen-, Rechnungs- und Buchungsdienst erlassen.

§ 10.

Wirkungskreis des Bundesbahndirektors.

1. Dem Bundesbahndirektor obliegt persönlich, die Ausführung der Anordnungen der Generaldirektion zu veranlassen und zu überwachen, die ihm unterstehenden Organe zur Erfüllung ihrer Obliegenheiten anzuhalten und für ihr gedeihliches Zusammenwirken sowie für die Beobachtung größter Wirtschaftlichkeit im Betriebe zu sorgen.

2. Er hat das Geschäftsergebnis des Bezirkes sorgsam zu beobachten und auf dessen Verbesserung sowie der Betriebsführung überhaupt durch geeignete Maßnahmen innerhalb seines Wirkungskreises und durch Antragstellung bei der Generaldirektion hinzuwirken. Er hat ferner den kommerziellen Bedürfnissen des Bezirkes besondere Aufmerksamkeit zuzuwenden und sich hienach ergebende Anträge an die Generaldirektion unter eingehender Darstellung der besonderen Verhältnisse zu stellen.

3. Bei Gefahr im Verzuge ist der Bundesbahndirektor berechtigt und verpflichtet, auch in Angelegenheiten, welche seinen Wirkungskreis überschreiten, die erforderlichen Verfügungen zu treffen. Behufs nachträglicher Genehmigung derselben hat er sofort der Generaldirektion Bericht zu erstatten.

§ 11.

Ausführende Dienststellen.

Den örtlichen Betriebsdienst besorgen die ausführenden Dienststellen, ihren Wirkungskreis bestimmt die Generaldirektion.

§ 12.

Schlußbestimmung.

Das mit Kundmachung des Handelsministers und des Eisenbahnministers vom 19. Jänner 1896, R. G. Bl. Nr. 18, erlassene Organisationsstatut für die staatliche Eisenbahnverwaltung in den im Reichsrate vertretenen Königreichen und Ländern samt allen bisher erschienenen, auf dasselbe bezughabenden Ergänzungen und Abänderungen sowie alle sonstigen entgegenstehenden Bestimmungen treten außer Kraft.

Seipel		**Kienböck**
Frank		**Buchinger**
Schneider		**Schürff**
Schmitz		**Vaugoin**
	Grünberger	

Buch- und Kunstdruckerei „Steyrermühl“, Wien.

Die Eisenbahnreform in Deutschland und in Österreich. Zwei Abhandlungen. Von Dr. **Adolf Sarter,** Geh. Regierungsrat und Ministerialrat im Reichsverkehrsministerium und Dr. **Heinrich Wittek,** k. k. österr. Eisenbahnminister a. D. (60 S.) 1924. 2 Goldmark

---

Die Verkehrsmittel in Volks- und Staatswirtschaft. Von Prof. Dr. **Emil Sax.** Zweite, neubearbeitete Auflage.

Erster Band: Allgemeine Verkehrslehre (208 S.) 1918. 8.40 Goldmark

Zweiter Band: Land- und Wasserstraßen, Post, Telegraph, Telephon. (542 S.) 1920. 17 Goldmark

Dritter (Schluß-) Band: Die Eisenbahnen. Mit Anschluß einer Abhandlung von Prof. Dr. **E. von Beckerath,** Kiel. (624 S.) 1922. 20 Goldmark

---

Die Seehafenpolitik der Deutschen Eisenbahnen und die Rohstoffversorgung. Von Privatdozent Dr. **Erwin von Beckerath,** Leipzig. (287 S.) 1918. 11 Goldmark

---

Das Seefracht-Tarifwesen. Von Oberregierungsrat Dr. **Kurt Giese,** Hamburg. (395 S.) 1919. 16.80 Goldmark

---

Personenbahnhöfe. Grundsätze für die Gestaltung großer Anlagen. Von Geh. Baurat Prof. **W. Cauer,** Berlin. Mit 101 Abbildungen. (155 S.) 1913. 6.30 Goldmark

---

Verkehr und Betrieb der Eisenbahnen. Von Prof. Dr.-Ing. **Otto Blum,** Hannover, Oberregierungsbaurat Dr.-Ing. **G. Jacobi,** Erfurt und Prof. Dr.-Ing. **Kurt Risch,** Hannover. Mit 86 Textabbildungen. (Otzen, „Handbibliothek für Bauingenieure“, II. Teil. Eisenbahnwesen und Städtebau, 8. Band.) (431 S.) 1925. Gebunden 21 Goldmark